贵州区域干旱演变特征及预测模型研究

主　编　张和喜　杨　静
副主编　王永涛　周　浩

内 容 提 要

本书通过对降水量、温度等气象数据的特征提取与指标的计算，分析了贵州喀斯特地区旱情特征；通过数据内部变化规律的挖掘与模型计算，预测了旱情特征未来变化趋势，为解决旱情特征分析和趋势预测提供了新的有效途径。依据贵州喀斯特地区51年的日降水量、日平均温度等气象监测数据，用Palmer指标、降水距平百分率和Z指标分析了贵州喀斯特区域旱涝特征。提出了包括NNBR与蒙特卡洛算法相结合，马尔可夫、神经网络、小波分解与灰色系统理论相结合的4种降水量预测模型。同时，开展了基于CI指标的近50年干旱时空分布规律研究。最后，探讨了贵州抗旱减灾保障管理体系建设。

本书是全面介绍贵州区域干旱演变特征及预测模型研究的科技专著，可作为探索和研究区域干旱演变特征、中长期水文预报方法的人员学习和参考。本书内容全面，深入浅出，理论联系实际，便于读者使用。

图书在版编目（CIP）数据

贵州区域干旱演变特征及预测模型研究 / 张和喜，杨静主编. -- 北京 : 中国水利水电出版社, 2014.11
ISBN 978-7-5170-2704-1

Ⅰ. ①贵… Ⅱ. ①张… ②杨… Ⅲ. ①干旱—气候预测—研究—贵州省 Ⅳ. ①P426.615

中国版本图书馆CIP数据核字(2014)第279125号

书　名	**贵州区域干旱演变特征及预测模型研究**
作　者	主编　张和喜　杨静　副主编　王永涛　周浩
出版发行	中国水利水电出版社 （北京市海淀区玉渊潭南路1号D座　100038） 网址：www.waterpub.com.cn E-mail：sales@waterpub.com.cn 电话：（010）68367658（发行部）
经　售	北京科水图书销售中心（零售） 电话：（010）88383994、63202643、68545874 全国各地新华书店和相关出版物销售网点
排　版	中国水利水电出版社微机排版中心
印　刷	三河市鑫金马印装有限公司
规　格	170mm×240mm　16开本　11印张　209千字
版　次	2014年11月第1版　2014年11月第1次印刷
印　数	0001—1000册
定　价	**45.00**元

编 辑 委 员 会

前　言

近年来，随着全球性气候变化，极端天气现象明显增多，水旱灾害发生趋于频繁，每年的旱涝灾害都造成了巨大的经济损失，严重地威胁着人类各种社会经济活动的正常进行。全球性水资源危机使得合理利用和开发水资源成为国民经济发展和人类生存环境改善的重大课题。我国是一个水资源短缺的国家，干旱成为威胁我国经济发展与农业生产的主要因素，因此迫切需要对干旱特性、发生规律等进行深入研究。

贵州省地处云贵高原东侧第二阶梯大斜坡上，境内地势西高东低，自中部向北、东、南三面倾斜。贵州省分属于长江流域和珠江流域，气候温暖湿润，属亚热带温湿季风气候区，降水总量大，但时空分布不均。在贵州省农业发展进程中，因干旱和旱灾造成的损失和影响越来越严重。近60年以来，贵州旱灾发生经历了多个起伏，呈现越来越严重的趋势。2001年至2013年的13年中，贵州发生了2001年夏旱、2004年西部春旱、2005年夏旱、2006年西部春旱和黔北特大夏旱、2009年7月至2010年5月夏秋连旱叠加冬春连旱的罕见特大干旱、2011年的特大夏秋连旱和2013年的夏旱。随着贵州省工业强省战略的实施，水资源供需矛盾更加突出，由此产生的干旱问题将会更加突出。干旱和旱灾已成为影响贵州省经济社会发展的重要因素。因此，对贵州喀斯特地区干旱发生的特征、规律进行分析和科学的预测，为管理者提供决策依据、及时制定防旱抗灾措施，将干旱灾害造成的损失减少到最小，具有十分重要的现实性和必要性。

本书选取遍布贵州省全省的40个气象站点51年的气象数据，介绍了干旱致灾要素时空变化特征及变异规律，通过对过去50年来的气象要素变化过程的模拟与分析，揭示了在气候变化和人类干扰等变化环境下区域水资源演变规律，以及喀斯特地区旱灾灾变规律；开展基于Palmer指标、Z指标及降水距平百分率三种指标的区域干旱特征分析，建立区域干旱灾害综合预测模型，对研究区域干旱灾害的变化情况做出预测；针对干旱灾害，提出相应的对策与措施，提出切实可行的干旱解决对策，逐步实现旱灾高效管理，尽可能地降低和减少灾害带来的损失，为贵州省旱灾管理提供理论支撑与科学依据。

本书由贵州省水利科学研究院张和喜、杨静、王永涛和辽宁省水文水资源勘测局周浩编著，参加编写的还有贵州省水利科学研究院王群、商崇菊、刘开丰、付杰、雷薇、周琴慧、王菲玲、刘浏等，贵阳学院刘敏，沈阳巍图农业科技有限公司袁枫。

由于编著者的水平、时间和经费所限，本书介绍的成果仅是贵州省相关地区干旱演变特征及预测模型研究中的主要方面，对许多问题的认识和研究还有待进一步深化，错误和不足之处敬请专家、同行、学者批评指正。

张和喜

2014年5月于贵阳

目　　录

前言

第1章　绪论 …… 1
1.1　研究干旱的意义 …… 1
1.1.1　研究干旱的普遍意义 …… 1
1.1.2　研究贵州喀斯特地区干旱的意义 …… 2
1.2　贵州干旱状况 …… 3
1.2.1　干旱成因 …… 3
1.2.2　干旱过程 …… 5
1.2.3　干旱控制 …… 6
1.3　干旱的定义、分类与干旱指标研究进展 …… 6
1.3.1　干旱的定义与分类 …… 6
1.3.2　干旱指标研究进展 …… 7
1.4　干旱预测方法研究进展 …… 10
1.4.1　预测方法分类 …… 10
1.4.2　典型的干旱预测方法 …… 10

第2章　贵州喀斯特地区干旱特征分析 …… 14
2.1　技术路线与数据处理 …… 14
2.1.1　技术路线 …… 14
2.1.2　原始资料质量控制与数据处理 …… 15
2.2　基于Palmer指标干旱特征分析 …… 16
2.2.1　Palmer干旱指标分析原理 …… 16
2.2.2　贵州喀斯特地区Palmer指标计算 …… 18
2.2.3　Palmer指标干旱特征分析 …… 24
2.3　基于降水距平的干旱特性分析 …… 33
2.3.1　降水距平百分率 …… 33
2.3.2　乌江地区降水量分析 …… 35
2.3.3　乌江地区干旱特征分析 …… 37
2.4　基于*Z*指标的干旱特征分析 …… 42

2.4.1 乌江地区 Z 指标计算 …… 43
2.4.2 基于 Z 指标的区域特征分析 …… 45
2.4.3 干旱趋势突变分析 …… 49
2.5 不同指标对比分析 …… 51
2.5.1 Palmer 指标与降水量关系 …… 51
2.5.2 三种指标干旱特征分析应用效果对比 …… 52
2.6 干旱致灾因素分析 …… 54
2.6.1 研究区概况 …… 54
2.6.2 旱情致灾影响因素选取 …… 54
2.6.3 投影寻踪模型建模 …… 55
2.6.4 最佳投影向量及投影值 …… 56
2.6.5 结果分析 …… 57
2.7 本章小结 …… 58
第 3 章 基于 NNBR 模型的蒙特卡洛旱情预测方法研究 …… 60
3.1 最近邻抽样回归（NNBR）模型 …… 60
3.1.1 模型原理及算法 …… 60
3.1.2 K、P 和 $W_{j(i)}$ 的确定 …… 62
3.2 蒙特卡洛算法 …… 62
3.2.1 概述 …… 62
3.2.2 基本分类 …… 62
3.2.3 一般步骤 …… 63
3.3 分布函数的选择 …… 63
3.4 基于 NNBR 模型的蒙特卡洛算法分析方案 …… 64
3.4.1 预测值的选择 …… 64
3.4.2 C_s 和 C_v 的选择与确定 …… 65
3.4.3 分析步骤 …… 66
3.4.4 算法流程图 …… 68
3.5 实验结果验证和预测 …… 69
3.5.1 算法验证 …… 69
3.5.2 未来降水量的预测 …… 70
3.5.3 未来旱情等级特征分析 …… 70
3.6 本章小结 …… 71
第 4 章 基于马尔可夫的降水量预测方法研究 …… 72
4.1 马尔可夫预测法的基本原理 …… 72

4.1.1 马尔可夫过程概述 …… 72
4.1.2 马尔可夫过程种类 …… 72
4.1.3 马尔可夫过程 …… 72
4.1.4 马尔可夫链 …… 73
4.1.5 状态转移概率及其转移概率矩阵 …… 74
4.2 算法方案分析及模型建立 …… 75
4.2.1 趋势加权马尔可夫模型 …… 75
4.2.2 检验降水量序列的“马氏性” …… 76
4.2.3 状态的划分 …… 76
4.2.4 滞时权值的确定 …… 77
4.2.5 模糊集理论中的级别特征值 …… 77
4.2.6 方案分析步骤 …… 78
4.2.7 预测算法流程图 …… 78
4.3 实验结果验证和预测 …… 79
4.3.1 算法验证 …… 79
4.3.2 预测未来5年的降水量 …… 85
4.3.3 未来旱情等级特征分析 …… 85
4.4 本章小结 …… 85
第5章 基于神经网络的降水量预测研究 …… 87
5.1 BP神经网络原理 …… 87
5.1.1 基本BP算法公式推导 …… 87
5.1.2 基本BP算法的缺陷 …… 90
5.1.3 基本BP算法的优化与改进 …… 90
5.1.4 网络的设计 …… 90
5.1.5 BP神经网络的设计与训练 …… 90
5.2 RBF神经网络 …… 95
5.2.1 RBF神经网络模型 …… 95
5.2.2 RBF网络的学习算法 …… 95
5.2.3 RBF神经网络的设计与训练 …… 97
5.3 Elman神经网络 …… 98
5.3.1 Elman神经网络结构 …… 98
5.3.2 Elman神经网络学习过程 …… 98
5.3.3 Elman预测模型的建立 …… 100
5.3.4 Elman神经网络的训练和预测 …… 100
5.4 三种神经网络的对比分析与预测 …… 101

5.4.1 5年预测值的对比分析 …… 101
5.4.2 未来5年的预测 …… 103
5.4.3 未来旱情等级特征分析 …… 104
5.5 本章小结 …… 104

第6章 使用小波分析做预处理的灰色模型预测方法研究 …… 105
6.1 灰色模型原理 …… 105
6.1.1 灰色系统 …… 105
6.1.2 灰生成 …… 106
6.1.3 灰色预测模型——GM（1，1） …… 107
6.1.4 GM（1，1）模型检验 …… 108
6.1.5 光滑性检验 …… 110
6.2 小波原理 …… 110
6.2.1 小波变换与其快速算法 …… 110
6.2.2 降水量周期性及突变性小波分析原理 …… 113
6.3 波形理论 …… 115
6.4 灰色模型的建立与预测效果分析 …… 116
6.4.1 降水量灰色模型预测方案 …… 116
6.4.2 原始序列光滑度检验与小波分解 …… 118
6.4.3 灰色模型预测低频分量 …… 119
6.4.4 利用波形预测高频分量 …… 121
6.4.5 优化的灰色模型预测精度检验与分析 …… 124
6.5 未来降水量预测及旱情等级特征 …… 126
6.5.1 未来5年的降水量预测值 …… 126
6.5.2 未来旱情等级特征分析 …… 126
6.6 本章小结 …… 127

第7章 基于*CI*指标的近50年干旱时空分布规律研究 …… 129
7.1 数据处理及计算 …… 129
7.1.1 复合气象干旱指标的计算方法 …… 130
7.1.2 干旱综合指标*CI*等级的划分 …… 132
7.1.3 气象干旱过程的确定 …… 132
7.1.4 干旱过程强度的计算 …… 133
7.1.5 干旱发生频率计算 …… 133
7.2 结果分析 …… 133
7.2.1 复合干旱指标计算结果 …… 133

7.2.2 干旱发生的频率 …… 133
7.2.3 干旱覆盖面积 …… 136
7.2.4 干旱持续日数和干旱强度 …… 138
7.2.5 *CI* 指标的空间分布特征 …… 139
7.2.6 用 *CI* 指标监测 2009—2010 年干旱发生发展过程 …… 141
7.3 本章小结 …… 142
附录 …… 143
附录 1 贵州喀斯特 6 大水系 Palmer 指标 …… 143
附录 2 乌江流域上、中、下游月降水距平 …… 151
参考文献 …… 157

第1章 绪 论

1.1 研究干旱的意义

1.1.1 研究干旱的普遍意义

从全球范围看，旱灾影响面最广、造成经济损失最大，被认为是世界上最严重的自然灾害类型之一。中国属于旱灾频发的国家，尤其是近年来，随着社会经济发展，水资源短缺现象日趋严重，在全球变暖的背景下，缺水成为全国境内最亟待改善和解决的问题之一。2006 年 5 月中旬，重庆市遭遇大旱灾；2009 年春，干旱波及中国 12 个省份，河北南部、山西东南部、河南西南部等地一度达到特旱等级；2010 年以来，以云南、贵州为中心的 5 个省份接连发生旱灾，此次干旱事件具有持续时间长、影响范围广、灾害程度重的特点，为西南地区有气象记录以来最严重的气象干旱事件。开展干旱的评估、监测与预测研究，已成为政府和学术界高度重视的热点问题，具有重大现实意义。贵州多年的气象灾害信息统计显示，干旱已成为干旱、低温、洪涝、冰雹和病虫等五大灾害中对农业生产威胁最大、发生面积最广、损失最惨重的自然灾害，旱灾发生的面积达受灾总面积的 50%。因此，加强干旱的监测，充分做好防灾、减灾工作具有十分重要的现实意义。

我国位于亚洲东部，太平洋西岸，地处气候脆弱带，地理环境复杂，属于大陆性季风气候，各种灾害性天气频发。我国水资源总量为 2.8 万亿 m^3，但人均占有量只有 $2220m^3$，约为世界人均水平的 1/4。受季风气候影响，我国降水时空分布极不均匀，水资源南多北少、东多西少，东南沿海及西南部分地区的年平均降水量在 2000mm 以上，黄河流域以北地区为 400～600mm，西北地区的西部不足 200mm。自古以来，干旱就是影响我国粮食生产最为严重的气象灾害之一（张养才，1991）。我国的干旱区域很广，有 45%的国土属于干旱或半干旱地区。干旱已成为我国最主要的自然灾害，每年有上亿亩农田和草场受到干旱的侵袭（沈振荣，1992 刘昌明、何希吾，2001)。旱灾的频繁发生给国民经济、农业生产、生态环境等多方面造成了严重的影响。近 50 年中国的干旱灾害发展具有面积增大和频率加快的趋势。2011 年全国因旱涝灾害造成的2329亿元直接经济损失中，因洪涝灾情造成的直接经济损失为1301亿元，因干旱灾情造成的直接经济损失为1028亿元。

可以看出旱灾是我国乃至世界所面临的最严重的自然灾害之一，特别是随着水资源危机和潜在危机的出现，对旱灾问题进行更深入的研究已迫在眉睫。

1.1.2 研究贵州喀斯特地区干旱的意义

贵州位于中国西南的东南部，介于东经103°36′～109°35′、北纬24°37′～29°13′之间。气候温暖湿润，属亚热带湿润季风气候，气温变化小，冬暖夏凉，气候宜人。常年雨量充沛但时空分布不均。全省各地多年平均年降水量大部分地区在1100～1300mm之间，最大值接近1600mm，最小值约为850mm。年降水量的地区分布趋势是南部多于北部，东部多于西部。由于每年季风的不同变化，贵州降水的变率较大，再加上贵州喀斯特地形地貌特征，水容易下渗，地表蓄水性能弱，容易造成地表干旱。

贵州是全国唯一一个没有平原的省份，素有“八山一水一分田”之说，形成了以山地为主，丘陵、峡谷与盆地交错分布的较为复杂的地形，其中山地和丘陵面积16.29万km^2，占全省土地总面积的92.45%。贵州省是世界岩溶地貌发育最为典型的地区之一，境内岩溶广布，形态、类型齐全，地域分异明显，构成一种特殊而且脆弱的岩溶生态系统。在贵州省漫长的农业发展进程中，干旱和旱灾造成的损失和影响越来越严重，直接导致农业减产、食物短缺。此外，持续干旱可导致土地资源退化、农业资源耗竭、生态环境恶化，制约了贵州省农业和社会经济的可持续发展。

干旱是贵州的主要自然灾害之一。近60年以来，贵州旱灾的发生经历了多个起伏，趋势越来越严重。在2001年至2013年的13年中，贵州发生了2001年夏旱、2004年西部春旱、2005年夏旱、2006年西部春旱和黔北特大夏旱、2009年7月至2010年5月夏秋连旱叠加冬春连旱的罕见特大干旱、2011年的特大夏秋连旱和2013年的夏旱。

干旱给贵州社会经济发展带来严重后果。在2011年特大干旱中，贵州受灾县达到88个，共有受灾人口2113.59万，饮水困难人口622.37万，需饮水、口粮等生活救助人口370.2万人；农作物受灾面积176.33万hm^2，其中成灾面积106.49万hm^2，绝收38.01万hm^2；因灾造成直接经济损失122.78亿元，其中农业直接经济损失120.78亿元（含林业），工矿企业等损失2亿元。干旱还造成292.2万头牲畜饮水困难。因此，自然灾害对人类活动的严重影响，已成为制约社会和经济可持续发展的重要因素。应对干旱频发带来严重后果，减少干旱给人民生活生产造成的损失，探索抗旱减灾之路尤为重要。本节从分析干旱的成因、过程、控制因素着手，研究现有抗旱政策、工程和非工程措施，提出今后抗旱减灾对策，反馈决策层作为改进抗旱减灾方法的依据，同时也对今后抗旱减灾科研工作做参考。

通过干旱灾害特征分析，揭示灾变规律，通过旱灾预测方法的研究，建立旱灾预测模型，实现对研究区域干旱灾害准确的预测。还将促进旱灾预测机制和预测精度进一步的完善，促进各方面抗旱资源的高效利用，降低抗旱成本，明显提高贵州抗旱能力和抗旱效率。仅就旱灾粮食减产一项指标而论，若按减少10%计算，预计年均经济效益将达到1亿元，若将经济作物及其他行业也按减轻10%计算，年均累计效益将达到5亿元以上。

1.2 贵州干旱状况

1.2.1 干旱成因

1.2.1.1 气候变化

（1）全球气候变化影响。全球变暖引起局地环流的动态变化，使气流处在极不稳定的状况下，多异常天气。2009—2010年中国西南地区发生特大干旱，引发原因主要是全球变暖造成极端气候，产生了厄尔尼诺现象，加大了西南地区局地环流的强度。它的冲击，使昆明准静止锋和华南准静止锋向东推移，见图1-1。在高原的动力和热力作用下，结合中国东部的环流特点，使贵州位于昆明准静止锋西侧，在单一的西南暖流控制下，天气异常暖干，该时期的气温较常年同期偏高1～2℃，为历史同期第三高。2011年干旱，是因为欧亚大陆上空500hPa环流形势演变为2脊1槽型，在我国西南大部地区位势高度较常年有所偏高，西太平洋副高强度较常年有所减弱但副高北界较常年平均偏北，不利于我国西南地区的降水（段海霞，2011）。

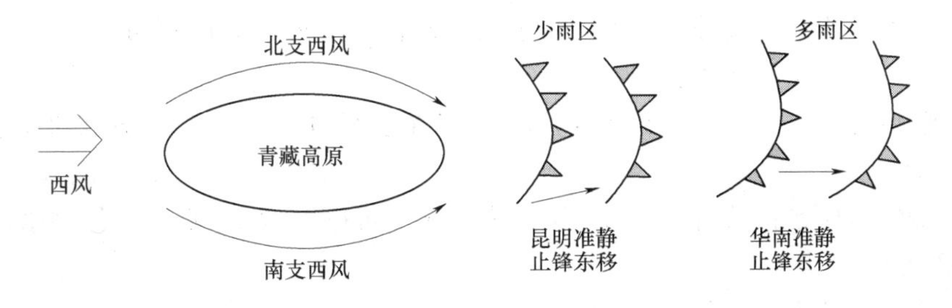

图1-1　2009—2010年西南地区环流形式

（2）降水受气候的影响很大，分为三类：一是既受西风带环流系统的影响，又受副热带环流系统的影响，因而贵州省春、秋过渡季节属南北气流频繁的地区，多低温阴雨天气；二是盛夏受副热带暖性高压控制，常造成夏季干旱天气；三是地区处青藏高原东南侧的贵州省上空（尤其在1500～3000m高度），多地方性气旋涡槽活动，冰雹、大风、大暴雨等强对流天气发生频繁。

1.2.1.2 特殊的地质地貌

贵州省位于长江和珠江两大水系的分水岭地带，属贵州高原的主体部分，系高起于四川盆地、广西丘陵间的亚热带喀斯特化高原，全省73.6%的地区处在喀斯特岩溶山区，是全世界喀斯特地貌最典型的地区之一。由于喀斯特碳酸性岩层具有易被水溶解的化学特性，造成地表峰丛林立、地下洞穴密布的特殊二元结构。喀斯特地质地貌导致水资源赋存条件差，降水形成地表水或经岩层渗漏形成地下水，两种形态的水也会因地貌起伏变化相互转换。因此，水资源开发利用难度大，因而对气象干旱响应敏感，表现脆弱，形成了“遇雨即涝，遇晴即旱”和“雨水蓄不住，地下水用不上”的状况，这是造成贵州干旱频发的重要原因。

1.2.1.3 水利设施薄弱

贵州近年来抗旱过程中的事实证明，少数水利建设常抓不懈并取得切实成效的地方，抗旱能力较强，大旱而无大灾；反之，则对干旱抵御能力弱，遇旱即成灾。水利设施薄弱也是造成贵州近年旱灾频发的重要原因。贵州现有的水利设施有如下三类：

（1）地表水源工程。

蓄水工程：共计19391处，其中水库2060座（大型水库8座、中型水库52座、小型水库2000座），塘坝17331处，现状供水能力36.26亿m^3。

引水工程：全部为小型及小型以下供水工程，共计43195处，现状供水能力35.22亿m^3。

提水工程：全部为小型及小型以下供水工程，共计7370处，现状供水能力11.84亿m^3。

调水工程：主要分布在安顺市境内，现状供水能力0.10亿m^3。

（2）地下水源工程。

浅层地下水：共有水井2353眼，其中配套机电井数30眼，现状供水能力6.36亿m^3。

深层承压水：共有水井40眼，其中配套机电井数10眼，现状供水能力0.02亿m^3。

（3）其他水源工程。

其他水源工程主要包括“三小”（小山塘、小水池、小水窖）工程，现状供水能力13.19亿m^3。

贵州的水利建设仍处于落后的状态，滞后于社会经济可持续发展的需要，特别是抗旱减灾措施配套不足。主要原因：一是投资能力有限，贵州经济发展水平低，国民收入总值在全国排末尾，人均国民收入总值全国倒数第一，地方财政困难，对水利建设的投入远远不能满足水利发展的需要；二是自然条件限制了水利建设规模，由于地形复杂，没有平原支撑，可修建大型和中型水利工程的地方很少，只能分散兴建中小型水利工程，所建水利项目上不了国家大型基建项目，且难度大，投入多；缺乏有效的管理机制，虽然近年贵州水利建设取得了长足进步，但与水利建设相配套的管理体制并未建立和完善，水利建设一直处于重建轻管的状态，使得建好的水利设施运行能力也达不到设计要求，更达不到建设的目标效益。这些都是贵州工程性缺水的主要原因，也是抗旱减灾不力的主要影响因素。

1.2.2 干旱过程

(1) 2009 年 7 月至 2010 年 5 月夏秋连旱叠加冬春连旱的罕见特大干旱。

2009 年 7 月至 2010 年 4 月，贵州省遭遇了有气象记录以来时间最长、范围最广、损失最大的干旱灾害，给全省经济社会发展和人民生产生活造成了严重影响。全省 88 个县（市、区）有 85 个县（市、区）不同程度受灾，受灾总人口为 1991.52 万，有 19 个县（市、区）543 个乡（镇）政府所在地一度出现供水紧张局面，全省有 695.22 万人、503.36 万头大牲畜发生了临时饮水困难，农作物受旱面积 156.831 万 hm^2，其中成灾 112.003 万 hm^2，绝收 51.863 万 hm^2，旱灾还对工业生产、水力发电、交通运输业、服务业、森林防火以及生态环境等造成严重影响，因旱灾造成的直接经济损失 139.99 亿元。

(2) 2011 年的特大夏秋连旱。

2011 年特大干旱中，贵州受灾县（区、市）达到 88 个，特旱区域主要分布在铜仁地区西部、黔东南州中西部、黔南州中东部及南部、六盘水市南部、黔西南州西南部、遵义市东部等地。共有受灾人口 2113.59 万，饮水困难人口 622.37 万，需饮水、口粮等生活救助人口 370.2 万；农作物受灾面积 176.33 万 hm^2，其中成灾面积 106.49 万 hm^2，绝收 38.01 万 hm^2；因旱灾造成直接经济损失 122.78 亿元，其中农业直接经济损失 120.78 亿元（含林业），工矿企业等损失 2 亿元。干旱还造成 292.2 万头牲畜饮水困难。

(3) 2013 年的夏旱。

2013 年全国大部地区的气温和往年相比都偏高。贵州本来就少雨，再加上气温又很高，7 月以来，旱灾一直在持续。据贵州省民政厅 9 号统计数据显示：贵州省 82 个县（区、市）有 1511.3 万人受灾，其中 249.2 万人饮水困难，209.2 万人需生活救助，农作物受灾面积 118.19 万 hm^2，其中绝收 20.48 万 hm^2，直接经济损失 75.1 亿元人民币。

1.2.3 干旱控制

干旱的控制，一方面在于干旱的预防，另一方面在于尽可能地减轻干旱造成的损失。在干旱的自然致灾因素方面，我们要探索自然界的物质运动规律，研究干旱成灾原因，以采取有效的预防措施来预防干旱发生，或者采取有效救治措施减少干旱造成的损失，例如人工降雨、南水北调等。对于人为原因引发的干旱，应通过采取不同的管理对策进行控制和防治，例如“五小”工程建设、老化水利设施修缮等。因此，加强干旱对策与措施的研究，将为有的放矢地开展抗旱减灾活动，并有效地控制各种灾害对社会的危害提供科学的依据。

1.3 干旱的定义、分类与干旱指标研究进展

1.3.1 干旱的定义与分类

世界气象组织（WMO，1986）对干旱的定义：“干旱是一种持续的、异常的降水短缺”。干旱的发生通常来说比较缓慢，而且不易察觉，发生的时间很难预料。干旱是指因水分的收与支或供与求不平衡而形成的持续的水分短缺的现象（任尚义，1991）。这种水分的短缺可以表现为：由于自然蒸发大于自然降水量引起的水分不足现象为气象干旱，由于土壤水分的缺乏影响农作物正常的生长的现象为农业干旱，由于江河湖泊水位偏低，静流异常偏小造成的水文干旱。随着研究的深入和发展，人们对干旱的认识愈加完善，理解更加深化。不同的学科和领域对干旱的定义和理解有所不同。干旱灾害，是指某一具体的年、季和月的降水量比平常年平均降水量显著偏少，导致经济活动（尤其是农业生产）和人类活动受到较大的危害的现象。

干旱的分类有很强的科学性，根据不同的学科对干旱的理解，干旱可分为四类：气象干旱、农业干旱、水文干旱和社会经济干旱。

气象干旱：是指某时段由于蒸发量和降水量的收支不平衡，水分支出大于水分收入而造成的水分短缺现象（张强等，2006）。气象干旱最直观的表现在降水量的减少。降水量的减少不仅是气象干旱发生的根本原因，而且也是引发其他类型干旱发生的重要的自然因子。

农业干旱：是指农业生长季节内因长期无雨，造成大气干旱、土壤缺水，农作物生长发育受抑，导致明显减产，甚至无收的一种农业气象灾害（孙荣强，1994）。它以土壤含水量和植物生长状态为特征，它的发生有着极其复杂的机理，在受到各种自然因素如降水、温度、地形等影响的同时也受到人为因素的影响，如农作物布局、作物品种及生长状况等。

水文干旱：是指河川径流低于其正常值或含水层水位偏低的现象，通常是用河道径流量、水库蓄水量和地下水位值等来定义，其主要特征是在特定面积、特定时段内可利用的水量的短缺。水文干旱主要讨论水资源的丰枯状况，但水文干旱不同于枯季径流。

社会经济干旱：是指有自然降水系统、地表和地下水量分配系统及人类社会需水排水系统这三大系统不平衡造成的异常的水分短缺现象。其指标常与一些经济商品的供需关系联系在一起，如粮食生产、发电量、航运、旅游效益以及生命财产等。社会经济干旱指标主要评估由于干旱所造成的经济损失。

1.3.2 干旱指标研究进展

1.3.2.1 气象旱涝指标

气象旱涝主要考虑从降水量、降水百分数、降水距平百分率、气温、蒸发、无降水连续日数等要素来建立旱涝指标。降水是形成旱涝的重要因子之一，而且降水资料也是最易获得的旱涝分析资料。气象旱涝指标通常都是以降水量为基础，进行分析计算以确定一个地区的旱涝程度。研究气象旱涝的指标有很多，归纳起来可分为单因素气象旱涝指标和多因素气象旱涝指标。

(1) 单因素气象旱涝指标。

比较简便的单因素气象旱涝指标是仅考虑降水量因素的指标。1950 年，徐尔灏在假定年降水量服从正态分布的基础上，提出用降水量的标准差来划分旱涝等级。李克让等将该方法应用在华北平原旱涝气候的分析上。1981 年，中央气象局曾用类似的指标绘制了我国 500 年旱涝图集。

1972 年中央气象局用降水距平百分率规定旱涝等级，1993 年又采用此指标作为华北地区的旱涝指标。陈菊英根据我国各地的不同情况，在降水距平百分率的基础上附加了一次因子作为旱涝指标，应用在华北平原夏季旱涝等级的评定。2003 年，黄志英将降水距平百分率应用到河北省气候分析中。《中国旱涝气候公报》将此指标作为分析和确定某一时刻旱涝的标准。

McKee 等发展的标准降水指标 SPI（Standardized Precipitation Index）也是单纯依赖于降水量的旱涝指标。它是基于一定的时空尺度上，降水的短缺会影响到地表水、库存水、土壤湿度、积雪和流量变化而制定的。McKee 等还对 SPI 指标制定了分类系统，以确定干湿强度，对任意时间尺度制定了旱涝事件标准。SPI 指标可以认为是标准偏差，即降水值偏离平均值，与我国采用的标准差指标类似。Agnew 等指出，该指标的一个优点是，相对于所选时段的不同，它可反映不用时间尺度的旱涝。1994 年 SPI 指标已应用于 Colorado 州的旱涝监测。该指标还被美国国家旱涝减灾中心和西部区域气候中心用于监测紧邻的美国各州的气候分异水平。

单因素气象旱涝指标由于只考虑了单个因素（当时的降水量），其方法多简单易行，但由于忽略了前期旱涝持续时间对后期旱涝程度的影响，因此在实际应用中还存在着一定的局限性。

（2）多因素气象旱涝指标。

多因素气象旱涝指标通常以降水量为主，兼顾其他诸如气温、蒸发量和前期降水量等气象要素作为旱涝指标。朱炳瑗等用干燥度确定旱涝的等级，是一种气候意义上的划分，其定义为多年平均水面蒸发量与多年平均降水量之比。2006年，闵骞应用干燥度指标确定鄱阳湖区1953—2003年历年旱涝等级，并在此基础上提出了一种能包含关键旱涝期降水多少、强度及时间分布的旱涝指标——有效旱涝天数。

张存杰等用Z指标描述旱涝，这是对降水量进行了必要的转化，然后用Z指标划分旱涝等级。Z指标是目前使用最广泛的指标之一。很多学者认为，Person-Ⅲ型概率密度函数能较好地拟合某一时段（年以下）降水量的概率分布情况。宋连春、鞠笑生等人分别先将降水量正态化，然后用其标准正态偏差值作为旱涝指标，对Z指标进行了修正。2003年，黄道友等应用Z指标法来判断“土壤-作物”系统法所确定的旱涝事件，得出两种方法的指标既相互联系又存在差异。2006年周祥林等通过太湖流域旱涝记录与三种基于降水量的常用指标的对比分析，得出Z指标法的精度最高，标准化降水指标（SPI）次之，降水距平百分率（PAI）最低。

另一个在我国使用较多的旱涝指标是美国的帕尔默（Palmer）旱涝指标。帕尔默指标（PDSI）是1965年由Palmer提出来的，尽管被看成是气象旱涝指标，但是除了考虑降水外，还综合考虑了前期降水、水分供给、水分需求、实际蒸发量、潜在蒸散量等要素是以水分平衡为基础而建立起来的。至今美国官方网站上仍在发布该指标的分析结果。国内许多学者如范嘉泉等对该指标的计算方法进行了介绍和分析比较，一些学者如安顺清等认为帕尔默的计算过于繁琐，应该进一步简化，并针对中国的情况进行了修正。

1.3.2.2 水文旱涝指标

水文旱涝指标主要体现了降水和水资源收支不平衡时造成的水分亏缺程度。目前水文旱涝的指标较少，应用较多的是游程理论。1966年Herbat等人最初把游程理论应用于水文旱涝的识别，1991年Mohan和Rangacharya在此基础上，考虑了月径流量的变差值，对以游程理论为基础的水文旱涝识别方法进行了改进。Shen和Guillermo采用游程理论，对由树木年轮重建的径流资料进行水文旱涝识别。1999年，王文胜按照游程理论，应用Kriging优化内插法分析旱涝历时、旱涝烈度及其条件概率等特征值。冯平等根据海河流域1951—2001年的逐月降水资料和历史的灾情文献记载，采用游程理论识别拟定了适合海河流域旱涝状况的旱涝指标。

1997年丁晶等用符合Person-Ⅲ型分布的负轮长统计特性对中国主要河流上177个站旱涝特性作了统计分析。负轮长是年径流量与多年平均径流量相比较而得到的，具有相对的含义，与表征年径流序列相依特性的自相关系数关系密切。王玲玲等认为径流量序列的负轮长（以多年平均值为切割水平）作为水文旱涝现象的定量指标，概念清楚，便于应用和综合归纳。

Palmer水文旱涝指标PHDI与Palmer气象旱涝指标PDSI相类似，应用也很广泛。王劲松等研制了适合灌溉区应用的径流量旱涝指标。Richard对美国旱涝指标的评价中总结了两个水文旱涝指标：一是地表供水指标（SWSI），是1981年为美国科罗拉多州开发的经验水文指标；二是利用长期平均的年径流量资料，提出了发生水文旱涝时间的随机模式，用它进行区域旱涝频率分析。

1.3.2.3 农业干旱指标

2008年，水利部发布了《旱情等级标准》（SL 424—2008），该标准将农业干旱划分为轻度干旱、中度干旱、严重干旱和特大干旱四个等级。农业干旱指标是农业干旱监测、预报的基础，现在广大学者认为，只用降水量一个指标不能反映所有作物的受旱情况，农业干旱是受到气象条件、地形、水文条件、农业生物布局和人类活动等众多因素综合作用的产物。

（1）土壤水分指标。

农业干旱的关键在于土壤水分的亏缺状况。土壤水分指标主要考虑大气降水与土壤水分的平衡。常用的土壤水分指标为土壤相对湿度（土壤重量含水量与土壤田间持水量之比）、土壤水分亏缺量（实际蒸散量与可能蒸散量之差）。

（2）作物水分指标。

Palmer（1965）提出作物水分指标（CMI），用于监测影响作物水分状况的短期变化，CMI是蒸散不足和土壤需水的总和。这些项用PDSI参数以周为单位计算，考虑了前一周的平均温度、总降水量和土壤水分情况。CMI可评估当时的作物生长情况，但它不适用于监测长期干旱（Hayes，2000）。

（3）Palmer水分距平指数（Z指标）。

Palmer水分距平指数（Z指标）是当月的水分距平。它是计算PDSI指数时的一个中间量，不考虑前期条件对PDSI的影响。它对土壤水分量值变化响应很快，可用来检测农业干旱，且效果比常用的CMI更好（Karl，1986）。

（4）利用卫星监测反演要素场资料而制定的旱涝指标。

利用气象卫星遥感动态监测旱涝在许多国家都有应用，中国国家卫星气象中心和许多省、市、县也开展了此项业务。这种方法主要应用卫星反演的温度资料、植被资料等来表征实际旱涝范围和程度。

1.3.2.4　社会经济干旱指标

社会经济干旱是指由自然降水系统、地表和地下水量分配系统及人类社会需水排水系统这三大系统不平衡造成的水分短缺现象。社会经济干旱指标主要评估由于干旱造成的损失即社会经济损失指数。计算工业受旱损失价值量通常采用缺水损失法。这种方法根据受旱年份由当地工业供水的缺水量 W_S 和万元产值取水量计算求得，计算公式为

$$Q_S = W_S / W_O - m \tag{1-1}$$

式中：Q_S 为受旱年份的工业损失，万元；W_O 为万元产值取水量，m^3/万元；m 为由于缺水减产而未消耗的原材料等的价值量（袁文平等，2004），万元。

1.4　干旱预测方法研究进展

1.4.1　预测方法分类

1.4.1.1　判断预测法

判断预测法是指组织有关领域的专家，运用专业方面的知识和经验，对预测对象未来的发展趋势及状况作出判断。其最大特点就是能够最大限度地发挥专家个人智能结构的效应，充分利用个人的创造能力。这种方法，对被征求意见的专家来说，不受外界环境的影响，没有心理上的压力。

1.4.1.2　趋势预测法

趋势预测法又称时间序列预测法，是将历史资料和数据按时间顺序排列成一系列，根据时间顺序所反映的经济现象的发展过程、方向和趋势，将时间顺序外推或延伸，以预测经济现象未来可能达到的水平。趋势分析法称之为趋势曲线分析、曲线拟合或曲线回归，它是迄今为止研究最多、也是最为流行的定量预测方法。趋势预测法的假设条件是事物发展的过程没有跳跃式变化，一般属于渐进变化。假定过去决定事物发展的因素也决定事物未来的发展，其条件不变或变化不大。也就是说，假定未来和过去的规律是一样的。

1.4.2　典型的干旱预测方法

1.4.2.1　马尔可夫链预测法

马尔可夫过程是随机过程理论中的一种，它是 20 世纪初由苏联学者 Markov 首先提出的，它采用简单的数学模型描述了自然界中普遍存在的一类随机现象的演化过程，具有广泛的包容性和丰富的内涵。马尔可夫过程具有如下性质：在时刻 t_2 系统所处的状态的概率可以由其前面某时刻 t_1 的状态决定，而与 t_1 以前系统的状态无关，具有这种性质的随机过程，称为马尔可夫过程。

马尔可夫链是时间离散、状态离散的马尔可夫过程（Paul Jordan、Peter Talkner，2000）。马尔可夫链的最基本特征是“马氏性”，也称“无后效性”。如果具备各种状态的某种事物或某种现象的时间序列满足“马氏性”，则根据 n 时刻的状态即可预测 $n+1$ 时刻的状态，这就是应用马尔可夫链模型解决各种预测问题的基本思想。

张宸、林启太（2004）研究了马尔可夫链理论在矿区降水灾害预测中的应用；宋印胜[40]研究了马尔可夫链理论在水位预测中的应用；郑文瑞、王新代、纪昆等（2003）研究了马尔可夫链理论在水污染状态风险评价中的应用；刘德辅、褚晓明、王树青（2001）用马氏链预测理论进行了沿海和河口城市防灾设防标准的系统分析；冯利华、陈雄（2001）用马氏链预测理论研究了区域干旱的变化趋势；张文坚（1996）用马氏链预测理论进行了城镇洪涝灾害的分析；孙才志、张戈、林学珏（2003）研究了马尔可夫链在降水丰枯状况预测中的应用；1994 年张汉雄应用马尔可夫链模型预测该地区 1957—1991 年的雨量与旱情趋势，对该区农业生产极有参考价值。

1.4.2.2 人工神经网络预测法

1943 年，美国数学家 Pitts 和心理学家 McCulloch 提出了神经网络的第一个数学模型，这是人类最早对于人脑功能的模仿。1949 年，D. O. Hepp 从条件反射的研究中提出了 Hepp 学习法则。1958 年，F. Rosenblatt 首次提出了模拟人脑感知和学习能力的感知器概念，形成了人工神经网络研究的第一次高潮，他提出的感知器模型，首次把神经网络理论付诸工程实现。1960 年，Widrow 和 Hoff 提出了自适应线性元件 ADACINE 网络模型，这是第一个真正意义上的神经网络，他们对分段线性网络的训练有一定作用，是自适应控制的理论基础。经过几十年的发展，已经形成了上百种人工神经网络。其中具有代表性的网络模型有感知器神经网络、BP 神经网络、线性神经网络、径向基函数网络、自组织神经网络等。人工神经网络在经济分析、市场预测、金融趋势、化工最优过程、航空航天器的飞行控制、医学、环境保护等领域都有广泛的应用。

1.4.2.3 小波分析与灰色模型预测法

小波分析一方面是将信号分解成一系列小波函数叠加，而这些小波函数是由一个母小波函数经过伸平移得来的，另一方面就是在分析、比较、处理（如去掉高频信号、加密等）小波变换系数后，根据得到系数去重构信号。小波变换是一种窗口大小固定但形状可变的时频局部化分析方法，它具有自适应的时频窗口，高频段时，频域窗口增大，时间窗口减小；低频段时，时间窗口增大，而频率窗口减小，即在低频部分具有较高的频率分辨率和较低的时间分辨率，在高频部分具有较高的时间分辨率和较低的频率分辨率，从而达到对信号的自适应性。

无论是Palmer指标表征的旱涝特征时间序列或函数，还是降水距平表征的旱涝特征函数，内部均含有大小不同的信号结构，即旱涝特征函数中包含着非稳定的、不同周期特征的频率分量。传统的傅里叶分析方法可以分析整个时间序列内相同大小结构信号的频率特征，但是对于旱涝特征函数这类信号分析，必须应用具有不同时域支集的时频原子，小波变换是在伸缩、平移后的小波函数上分解信号（伸缩、平移后的小波函数称为小波窗函数）。小波变换可以实现在不同尺度下，信号周期特征的分析。

灰色系统理论（Grey System Theory）是由我国华中理工大学邓聚龙教授首创的一种新的系统理论。1979年在北京召开的军事系统工程学术会议上，华中科技大学的邓聚龙教授宣读的论文《参数不完全大系统的最少信息镇定》，可以说是灰色系统理论的雏形（刘思峰，2004），1982年他又在北荷兰出版公司出版的国际杂志《系统与控制通信》（System & Control Letter）上发表的名为《灰色系统的控制问题》（Control Problem of Grey System）的论文，正式宣告了灰色系统理论的诞生。

灰色系统理论包括灰色预测、灰色控制、灰色规划、灰色决策等内容。其中灰色预测模型是灰色预测的基础，而预测又是控制、规划、决策的前提。因此，灰色预测模型是整个灰色理论体系的核心内容，它的数学严密性如何关系到整个灰色理论体系的完备。灰色预测是根据过去的及现在已知的或非确定的信息建立的一个从过去引申到未来的灰色模型，从而确定系统未来发展变化的趋势。灰色预测法是一种对含有不确定因素的系统进行预测的方法，主要包括四种类型：灰色时间序列预测、畸变预测、系统预测、拓扑预测。灰色预测模型的建模过程就是将看似无规律的原始数列，经过累加及求均值等生成过程，使其成为较有规律的生成数列后再建模并进行预测的。灰色预测模型一般是指GM（1，1）模型及其扩展形式，主要包括GM（1，1）模型、DGM模型和灰色Verhulst模型等。

由于灰色系统理论的研究成果可广泛应用于复杂系统建模和系统分析，为预测、预警和系统控制、优化与管理及其综合集成自动化工作提供科学的依据，因此引起了国内外学者的广泛关注，许多学者纷纷加入灰色系统理论的研究行列，以极大的热情开展理论探索及在不同领域中的应用研究工作，在各领域中已经得到了广泛的应用，尤其在预测领域的应用。美国的Renn Jyh - chyang（1998）提出了灰色预测在液压系统中的应用；德国的Yen - Tseng Hsu（2000）提出了灰色预测模型在图像压缩处理上的应用；日本的Morita H. Kase教授等应用灰色模型从点预测、区间预测到拓扑预测三方面对电力负荷进行了非常有效的预测。

1.4.2.4 蒙特卡洛预测法

蒙特卡洛方法是一种统计试验方法，主要解决物理和数学上的不确定性的数值问题。它综合了理论物理学的位势理论和随机过程的概率统计，应用上主要用于研究均质介质的稳定状态。它通过一组随机数来近似解决问题，通过探寻一个概率统计的相似体，同时采用实验水文手段来完成取样过程，进而得到该相似体的近似解。通常用于求解的数学问题满足某个随机变量的数学期望，某个事件的概率，某个与数学期望、概率有关的量条件之一时，采用特定的实验方法，求解出该事件的发生频率，或该随机变量一系列观测值的算术平均值，进而问题得到解决。该近似方法不同于经典数值计算结果，而更接近于物理实验结果。

采用蒙特卡洛方法处理的数据序列，必须具有可得的，服从特定的概率分布，并且可以随机选取（冯圆，2010）。对于具有确定数学形式的确定性问题以及具有统计属性的随机性问题均有所应用。在降水量预测及特征分析方面，刘薇等将蒙特卡洛方法与模糊隶属度理论相结合，针对降水的随机性定量地分析了其对新安江模型的传播特性及流量过程的影响。毛文书对江淮梅雨的年际变化特征，运用蒙特卡洛显著性检验等多种诊断分析方法进行了分析。覃卫坚等根据广西 67 个气象站点近 45 年的观测数据，在采用 EOF 分析方法对广西云量进行分析的同时采用蒙特卡洛方法估计相关系数的临界值。相关系数的绝对值大于 0.1，气候趋势或相关系数较为显著；相关系数的绝对值大于 0.05，气候趋势或相关系数显著；相关系数的绝对值大于 0.01，气候趋势或相关系数很显著；本书将乌江流域区域 51 的降水量作为随机变量来处理，根据其年降水量变化提取出其随机性和概率规律性等固有特征。根据其特征，应用蒙特卡洛方法，采用 C# 编程，实现研究区域未来一段时间降水量的预测。

第2章　贵州喀斯特地区干旱特征分析

干旱指标作为表征某一地区干旱程度的标准，是旱情描述的数值表达方式，起着量度、对比和综合分析旱情的作用，是加强旱情监测、预测、预警和进一步开展旱情灾情研究的基础，也是衡量旱灾程度的关键环节。干旱指标应用表明，如果干旱指标制定得客观、合理，那么对旱灾的过程和程度的反映就准确。因此，对干旱指标进行研究，能够为较好地描述旱情特征奠定基础，是一项十分重要的基础性工作。

由于单个气象站点旱涝指标不能真实反映出贵州省整体干旱变化情况，而区域旱涝指标既能表征旱涝空间分布，又能反映出旱涝轻重程度，本书从空间上将贵州省划分为6大水系：乌江水系、沅江水系、北盘江水系、红水河水系、赤水河綦江水系和柳江水系。选取遍布全省的40个气象站点51年的气象数据作为研究的基础数据。其中乌江水系分布17个站点、沅江水系分布12个站点、北盘江水系分布5个站点、红水河水系分布3个站点、赤水河綦江水系分布2个站点、柳江水系分布1个站点。乌江水系覆盖站点数最多，区域面积也最大，在空间上横跨贵州东西，具有较强的典型性。

本章重点介绍如下内容。

(1) 选取乌江水系地区1961年到2011年51年的降水量及温度等监测数据作为实验数据，计算其Palmer干旱指标，分析乌江水系区域逐年的年度旱情特征以及季度旱情特征。

(2) 计算实验数据的降水距平百分率干旱指标，实现乌江流域地区旱涝特征的分析。

(3) 以51年气象观测实验数据为基础计算 Z 干旱指标，完成乌江流域地区 Z 指标的旱涝特征分析。

(4) 对比分析三种干旱指标在乌江流域地区旱情分析中的特点。

2.1　技术路线与数据处理

2.1.1　技术路线

实验获取贵州喀斯特地区（包括乌江水系、沅江水系、北盘江水系、红水河水系、赤水河綦江水系和柳江水系）1961—2011 年共 51 年的日降水量、日平均温度等气象数据，以乌江水系区域为贵州喀斯特研究典型区域，计算乌江水系 Palmer 指标并实现干旱特性的分析，具体技术路线如图 2-1 所示。

首先，对实验监测数据进行初步筛选，剔除完整性差的数据，对原始数据进行质量控制，并整理为目标实验数据；

第二步，并行计算乌江水系区域 Palmer 指标与降水距平百分率，分别基于两种指标进行干旱特征分析；

第三步，将 Palmer 指标与降水距平百分率两指标应用效果进行对比分析。

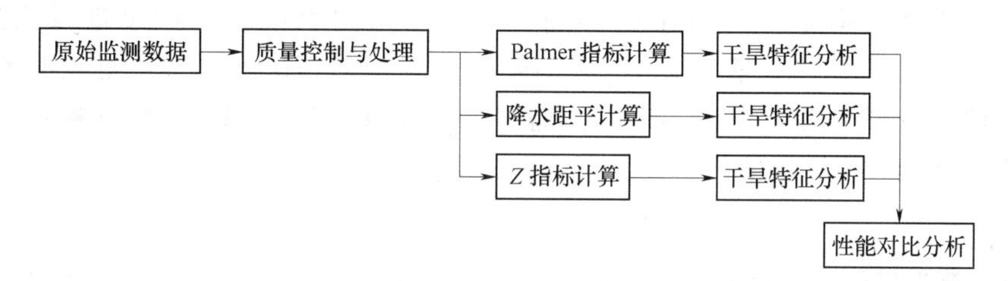

图 2-1 计算干旱特征技术路线框图

2.1.2 原始资料质量控制与数据处理

气象资料来源于贵州省气象局，资料包括 1961—2011 年近 51 年的覆盖全省的 40 个日降水量、日照日总量、日平均温度、日最低温度、日最高温度等气象站点监测数据。同时，将贵州喀斯特地区划分为 6 大水系，对 51 年原始资料数据均进行了均一化处理，对迁移监测台站监测数据进行了订正。

实验数据中缺测或对微量积雪等特殊测量值处理方法见表 2-1。其中将温度缺测数据用一元线性插值进行数据补充；降水量缺测数据采用比值订正法进行修订，利用地理上临近监测点数据进行修订。对修订和处理后的监测数据进行整理，将日降水量计算整理成月总降水量；日平均温度计算整理成月平均温度。最后应用处理好的降水量和温度等监测数据计算 Palmer 指标，用于乌江地区旱涝特征分析。

表 2-1　原始数据测量值处理方法

序号	测量代码	含　义	处　理　方　法
1	32766	缺测	温度修订：差值修订法，一元线性回归方程进行插值 降水量修订：比值修订法
2	32XXX	雾霜露	提取出 XXX，即为降水量
3	31XXX	降雪	提取出 XXX，即为降水量
4	30XXX	降水量和降雪量的总和	提取出 XXX，即为降水量

2.2　基于 Palmer 指标干旱特征分析

2.2.1　Palmer 干旱指标分析原理

帕尔默干旱指标（Palmer Drought Severity Index，PDSI）是表征在一段时间内，该地区实际水分供应持续少于当地气候适宜水分供应的水分亏缺（韩海涛，2009），其基本原理是土壤水分平衡原理。Palmer 指标基于月值资料设计，标准化处理后，可对不同时间、不同地区的土壤水分情况进行比较，Palmer 干旱指标的原理是水分平衡方程，即在当前情况达到气候适宜的情况下，降水量等于蒸散量与径流量之和再加上（或减去）土壤水分的交换量，水分供应达到气候适应的水平衡方程表示如下：

$$\hat{P}=\hat{ET}+\hat{R}+\hat{RO}-\hat{L} \tag{2-1}$$

式中：$\hat{P}$ 为气候适宜降水量，mm；$\hat{ET}$ 为气候适宜蒸散量，mm；$\hat{R}$ 为气候适宜补水量，mm；$\hat{RO}$ 为气候适宜径流量，mm；$\hat{L}$ 为气候适宜失水量，mm。

上述气候适宜值分别由下式计算

$$\hat{ET}=\alpha_j P_E \tag{2-2}$$

$$\hat{R}=\beta_j P_R \tag{2-3}$$

$$\hat{RO}=\gamma_j P_{RO} \tag{2-4}$$

$$\hat{L}=\delta_j P_L \tag{2-5}$$

以上式中：P_E 为可能的蒸散量，mm；P_R 为可能土壤水补给量，mm；P_{RO} 为可能径流量，mm；P_L 为土壤可能水分损失量，mm；α、β、γ、δ 分别为蒸散系数、土壤水供给系数、径流系数和土壤损失系数，每站每月分别有四个相应的常系数值。

2.2.1.1　系数值的计算

蒸散系数 α、土壤水供给系数 β、径流系数 γ 和土壤损失系数 δ 分别为水分平衡各分量的平均值与可能值之比。具体计算方法如下：

（1）蒸散系数 α。

蒸散系数 α 为某月实际蒸散量 ET 的多年平均值和可能蒸散量 PE 的多年平均值之比：

$$\alpha=\frac{\overline{ET}}{\overline{PE}} \tag{2-6}$$

蒸散系数能够反映该区域的气候特点。在气候湿润的情况下，实际蒸散量通常接近或等于可能蒸散量，而在气候干旱的情况下，实际蒸散量通常会比可能蒸散量小很多。因此可以用蒸散系数和可能蒸散量来估计在特定气候条件中的期望蒸散量。由蒸散系数 α 可以计算出当前气候适宜蒸散量，它是对当前气候条件下能适应的蒸散。当前气候适宜蒸发量与实际蒸散量相比较，就可以反映水分异常状况。

（2）土壤水供给系数 β。

土壤水供给系数 β 为某月实际补水量 R 的多年平均值和可能补水量 PR 的多年平均值之比：

$$\beta=\frac{\overline{R}}{\overline{PR}} \tag{2-7}$$

土壤贮存水分的多少与所在季节、当地的气候条件相关。在很多地区，土壤水分的补充决定于当地某个季节的气候特点。应用土壤水供给系数 β 同样可以计算当前气候适宜补水量，即对所考查的不同时空气候条件下适应的补水量。用它与实际补水量相比较得到的离差同样可以反映水分异常状况。

（3）径流系数 γ。

径流系数 γ 为某月实际径流量 RO 的多年平均值和可能径流量 P_{RO} 的多年平均值之比：

$$\gamma=\frac{\overline{RO}}{\overline{P_{RO}}} \tag{2-8}$$

某地的降水量、蒸散量和土壤贮存水分的能力等因素直接影响当地的径流量情况，即径流量大小也与当地气候条件和季节相关。利用径流系数 γ 同样也可以计算气候适宜径流量。

（4）土壤损失系数 δ。

失水系数 δ 为某月实际失水量 L 的多年平均值和可能失水量 PL 的多年平均值之比：

$$\delta=\frac{\overline{L}}{\overline{PL}} \tag{2-9}$$

根据失水系数，就可以计算出气候适宜失水量。

2.2.1.2 *PDSI* 指标计算

在计算 *PDSI* 过程中，实际值与正常值相比的水分距平 d 表示实际降水量 P 与气候适宜下降水量 $\hat{P}$ 的差：

$$d=P-\hat{P} \tag{2-10}$$

$$PDSI=k_j d=k_j(P-\hat{P})=k_j[P-(\alpha_j P_E+\beta_j R_R+\gamma_j P_{RO}-\delta_j P_L)] \tag{2-11}$$

式中：k_j 为 j 时段的权重系数，Palmer 认为，平均水分需求与平均水分供应的比值能反映出不同地区和时期的气候差异。因此，Palmer 将这个比值定义为气候特征值 k：

$$k=\frac{\overline{PE}+\overline{R}}{\overline{P}+\overline{L}} \tag{2-12}$$

式中：$\overline{PE}+\overline{R}$为月平均可能蒸散和补水量的和，表示平均水分需求；$\overline{P}+\overline{L}$ 为月平均降水量和失水量的和，表示平均水分供应。

其相应的 $PDSI$ 从极丰的＋4 到极旱的－4 分为 11 级，正值表示湿润情况，负值表示干旱情况，其旱涝指标划分见表 2-2。

表 2-2　Palmer 旱涝指标等级划分

$PDSI$	$-0.5\leqslant PDSI<0$	$-1.0\leqslant PDSI<-0.5$	$-2.0\leqslant PDSI<-1.0$	$-3.0\leqslant PDSI<-2.0$	$-4.0\leqslant PDSI<-3.0$	$PDSI<-4.0$
旱涝程度	正常	始旱	轻旱	中旱	大旱	极旱
$PDSI$	$0\leqslant PDSI<0.5$	$0.5\leqslant PDSI<1.0$	$1.0\leqslant PDSI<2.0$	$2.0\leqslant PDSI<3.0$	$3.0\leqslant PDSI<4.0$	$4.0\leqslant PDSI$
旱涝程度	正常	始涝	轻涝	中涝	大涝	极涝

2.2.2　贵州喀斯特地区 Palmer 指标计算

2.2.2.1　Palmer 指标的程序实现

选取 FORTRAN 语言编程实现算例数据的 Palmer 指标计算，程序流程图见图 2-2，输入月平均温度和月总降水量，输出 Palmer 指标、PE 潜在蒸发量及 ET 蒸发量，程序中主要参数及含义列于表 2-3。

表 2-3　程序主要变量含义

序号	变　量	含　　义
1	$N=51$	计算年总数
2	$NSTA$	参与运算的监测站数
3	T	温度
4	P	降水
5	PE	潜在蒸腾量：只考虑热量，不考虑实际的水量（认为水量无限多），计算的蒸散能力
6	ET	蒸腾量：实际蒸发量，包括热散发和植物蒸腾
7	AF	月蒸散系数 α
8	BT	土壤水供给系数 β
9	GM	径流系数 γ
10	DT	土壤损失系数 δ
11	$PDSI$	Palmer 指标

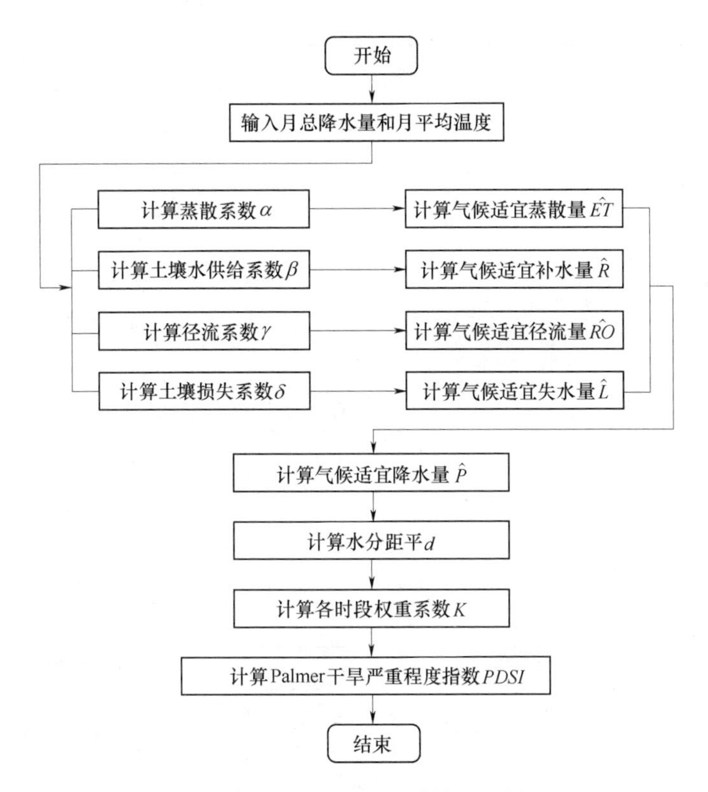

图 2-2　Palmer 指标计算流程图

2.2.2.2　计算结果统计分析

计算得到贵州喀斯特地区乌江水系、沅江水系、北盘江水系、红水河水系、赤水河綦江水系和柳江水系等 6 大水系 Palmer 指标。其中，乌江水系 Palmer 指标输出结果见表2-4，其他水系 Palmer 计算结果详见附录 1。

表 2-4　乌江水系 Palmer 指标

年份＼月份	1	2	3	4	5	6	7	8	9	10	11	12
1961	−1.8	0.2	1.4	3.1	−0.7	−4.2	−4.3	0.2	0.3	1.1	2.1	2.7
1962	2.6	−1	−1.1	−0.9	−0.7	0.4	−3.6	−2.3	−2.7	−1.4	−1.2	−0.9
1963	−1.3	−0.8	−1.7	−1.6	1.3	−1.8	2.4	0	−2.4	2.1	3.7	3.6
1964	2.9	3.2	2.6	4.1	1	6.8	−1.9	−0.3	−0.9	−0.5	−0.7	0
1965	−0.4	−0.8	−0.4	−0.5	0.8	1.3	−1.8	0.4	0.8	1.5	−0.7	0.5
1966	−0.8	−1.5	−2.5	−2.1	−0.8	−2.5	−4.6	−5.1	−6	1.1	0	0.1
1967	0	0.6	0.3	0.3	0.3	2.9	2.3	3.8	4.5	3.3	3.4	3.2

续表

年份＼月份	1	2	3	4	5	6	7	8	9	10	11	12
1968	2.3	2.4	1.8	2.8	3	1.6	2.7	2.8	−0.9	−0.3	−0.7	−1.1
1969	0.1	0	0.3	−1.3	−3.1	2	3.5	4	−2.3	−1.2	0	−0.3
1970	0	−0.4	0	0	0	−2	1.6	−2.5	2.4	0.9	0.6	1.5
1971	1.4	1.3	1.2	1.5	2.9	−0.1	−2.5	0.4	1.1	1.1	−1	0.5
1972	−0.7	0.7	−1	1.7	2.1	−2.3	−5.5	−7.2	3.6	3.7	3.7	−0.1
1973	0	−0.8	−1.1	−0.8	−1	1.2	−0.1	−0.4	0.8	−1.9	−1.7	−1.9
1974	0.1	0	0	1.4	0	−0.1	−1.3	3	−0.4	−0.9	−2.1	−1.3
1975	−1	−1.3	−1.8	0.6	1.8	−1.2	−4	−3.1	−2.5	−2.7	2	2.1
1976	0	−0.8	−0.8	−0.3	1.6	2.8	3.5	0.8	1.5	2.1	2.3	2.1
1977	2.4	2.3	2.3	3.3	4.2	6.7	5.8	4.1	2.8	4.1	3.7	−0.8
1978	−0.7	−1.2	−1.7	−2.2	1.4	2.5	−2.3	−2.1	−2.5	0.8	2.2	−0.8
1979	−1.4	−2.3	−1.6	−3.3	−3.9	1.1	1.2	2	3.5	−1.1	−1.8	0.3
1980	0.4	0.4	0.4	0.3	0.4	1.8	3.2	4.5	2.1	3.4	−1.1	−0.7
1981	−0.5	−0.9	−1.3	−1	−0.7	−2.3	−3.9	−5.6	−5	0	0.4	0.1
1982	0	0.9	0	1.2	−0.7	0.7	−0.9	1.6	3.8	2.5	2.4	2.5
1983	3.1	3	2.9	3	2.3	0.8	1.6	2.1	2.2	−0.4	−0.5	−0.4
1984	0	0	−0.2	0.2	1.7	−3.3	0.1	3.3	3	−0.3	−1.4	0.8
1985	−0.3	0.3	1	0.5	−0.7	−1.3	−1.4	−1.8	−2.7	−3.1	−2.6	−1.6
1986	−1.9	−1.6	−1.6	−2.1	−3.9	0.2	3	−1	−1.9	−1.9	−1.3	−1.6
1987	−2	−2.4	−2.9	−3.2	−2.9	−3	0.8	1.4	1.2	1.7	−0.1	−0.4
1988	−0.6	0.4	−0.3	−0.5	−1.8	−2.5	−4.4	−2.4	−1	−1.7	−3.1	−3.1
1989	−2.8	0.7	1.3	2.1	−1.9	−2.1	−4	−3.8	−3.7	−3.1	−2.7	0.2
1990	0	0.1	0.8	−0.7	−0.5	−0.5	−2.6	−5.5	−5.5	−4.2	−3.3	−3
1991	−1.6	−1.7	−1.8	−2.7	−3.8	−3.9	4.7	0	−1.2	−1.4	−1.3	−1.3
1992	−1.2	0.6	1.6	1.8	2.5	2.5	−0.9	−3.4	−4.7	−2.9	−3.2	−2.9
1993	−1.5	−1.1	−1	−1.8	−2.5	−3.2	1.5	3.6	−0.8	−1.4	−1.5	−1.2
1994	−1.2	−1.5	1.3	−1.2	−1.3	−2.6	−3	−3.6	0.4	2.2	1.8	1.9
1995	2.1	2.7	1.8	0.8	0.9	1.9	1.9	2.1	−0.4	−0.2	−0.1	−0.3
1996	−0.3	−0.5	0.2	−0.2	1.5	3.6	7.3	5.4	3.3	1.7	3	2.2
1997	1.8	1.8	1.2	2.6	1.2	1.1	2.9	0.6	2.3	2.2	−1.2	0.2
1998	0.2	−0.5	−0.4	−1.8	0	0	1.3	3.9	−1.7	−1.6	−2.3	−1.9

续表

年份＼月份	1	2	3	4	5	6	7	8	9	10	11	12
1999	−1.4	−1.7	−1.7	0.1	0	2.5	4.2	4.3	−1.5	−1.7	−1.6	−1.6
2000	0.1	0.5	0.7	1.3	−1.7	0.9	−0.7	1.9	1.2	1.7	−0.3	−0.3
2001	−0.8	−1.3	−1.4	0.5	0.1	1.3	1.5	−0.7	−2.9	1.3	0.3	0.5
2002	0	0	0	0	1.9	2.8	1.3	3.2	−1.8	−1.7	−2.5	−1.7
2003	−1.6	−2.2	−2	−1.4	−2.3	0.3	1.4	−2.5	−2.6	−3	−3.1	1.3
2004	1.4	0.8	0.9	0.5	1.5	−0.7	1.2	−0.3	0	−0.3	−0.3	−0.6
2005	0.6	0.7	0.8	−1.2	0.7	−1.8	−2.3	−2.2	−2.9	−2.4	−2.9	−2.3
2006	−2.1	−0.9	−1	−1.8	−2	−3.1	−5	−5.6	−5.8	−3.6	−3	−2.2
2007	−1.3	−2.3	−2	−0.8	−2.5	1	3.4	−0.2	0	−0.6	−1.7	0.1
2008	0.3	0.6	1	−1.1	−1.1	−2.9	0.8	2.1	−1.5	1.4	2.6	−0.3
2009	−0.4	−1.3	0.3	1.8	−1	−1.5	−2.7	−3	−4.3	−4.2	−4	−3
2010	−3.6	−4.1	−3.6	−3	−2.8	−1.1	−0.8	−2.1	−2.2	0.7	0.1	0.4
2011	0.9	−1	−0.8	−2.5	−4.9	−4.1	−6.5	−7.1	−7.1	−3.4	−3.1	−2.2

根据6大水系Palmer指标，计算6大水系的加权平均Palmer值，见表2-5。

表2-5　　6大水系年平均Palmer值

年份	水系						
	柳江	北盘江	赤水河綦江	红水河	沅江	乌江	6大水系加权平均值
1961	0.29	1.53	−1.06	0.63	0.05	0.01	0.21
1962	−2.67	−0.07	−0.48	−1.87	−0.88	−1.07	−0.96
1963	−1.53	−1.61	−4.49	−2.09	−1.51	0.29	−0.95
1964	0.69	0.59	−0.44	0.42	0.46	1.36	0.82
1965	−0.64	0.28	−0.03	0.07	0.79	0.06	0.28
1966	0.12	−0.49	−3.43	−1.20	−2.25	−2.06	−1.87
1967	0.33	1.10	−0.80	0.33	1.38	2.08	1.43
1968	1.98	1.85	0.71	1.13	1.30	1.37	1.37
1969	0.98	0.33	−1.97	0.36	−0.29	0.14	−0.03
1970	0.37	−1.01	1.13	−0.77	−0.13	0.18	−0.08
1971	0.55	0.43	−1.38	1.38	−0.32	0.65	0.28
1972	0.62	−2.14	−0.07	0.62	0.23	−0.11	−0.19

续表

年份	水系						
	柳江	北盘江	赤水河綦江	红水河	沅江	乌江	6大水系加权平均值
1973	−0.94	−1.51	0.71	0.16	0.80	−0.64	−0.20
1974	−0.29	0.61	0.04	−0.13	−0.62	−0.13	−0.18
1975	−0.44	−1.99	0.07	−1.90	−1.43	−0.93	−1.22
1976	0.37	1.31	0.53	1.58	0.63	1.23	1.03
1977	0.66	0.40	1.80	1.10	1.37	3.41	2.10
1978	−0.53	−0.08	−1.78	−0.31	−0.60	−0.55	−0.55
1979	1.04	0.90	−0.99	0.97	0.01	−0.61	−0.09
1980	0.54	−0.06	−0.42	−0.17	0.48	1.26	0.65
1981	−0.69	0.13	−1.08	−0.96	−0.84	−1.73	−1.11
1982	1.34	0.62	0.47	0.85	0.98	1.17	0.99
1983	0.77	2.46	0.35	1.46	−0.37	1.64	1.04
1984	−1.18	0.08	1.42	−0.33	0.20	0.33	0.22
1985	−1.04	0.27	0.78	−0.23	−1.41	−1.14	−0.88
1986	−2.17	0.69	−0.58	−0.61	−2.06	−1.30	−1.21
1987	−0.83	−1.86	−0.70	−0.81	−0.78	−0.98	−1.00
1988	−0.33	−2.48	1.02	−0.83	−0.51	−1.75	−1.23
1989	−0.25	−3.23	0.43	−2.78	−1.70	−1.65	−1.81
1990	1.04	−0.90	−0.62	0.50	0.63	−2.08	−0.77
1991	−1.02	0.49	−0.17	0.16	0.48	−1.33	−0.38
1992	−0.93	−1.09	−0.02	−0.05	−0.64	−0.85	−0.72
1993	−0.42	−0.77	−2.09	0.65	−0.03	−0.91	−0.56
1994	0.50	0.02	−0.58	−0.11	1.03	−0.57	0.04
1995	0.52	1.25	0.49	−0.03	0.38	1.10	0.77
1996	−0.68	0.73	−0.38	−0.13	0.03	2.27	1.02
1997	1.03	1.77	−0.56	1.20	0.86	1.39	1.16
1998	−1.26	−1.84	−0.15	−0.69	−0.66	−0.40	−0.69
1999	−1.89	−0.93	1.67	−0.88	−0.84	−0.01	−0.40
2000	0.36	−0.23	0.28	−0.28	0.43	0.44	0.29
2001	−1.23	−0.13	−0.81	−0.88	−1.17	−0.13	−0.56
2002	0.44	−1.72	−0.31	−0.27	0.03	0.13	−0.18
2003	−1.39	−2.32	−1.60	−2.16	−1.48	−1.48	−1.64

续表

年份	水系						
	柳江	北盘江	赤水河綦江	红水河	沅江	乌江	6大水系加权平均值
2004	−0.03	−2.43	−0.16	−0.57	−0.82	0.34	−0.46
2005	−1.44	−2.21	−0.09	−2.40	−2.23	−1.27	−1.71
2006	−1.64	−1.70	−0.73	−2.18	−2.16	−3.01	−2.38
2007	−1.50	0.28	0.01	−0.43	−0.75	−0.58	−0.50
2008	2.28	−0.08	−0.08	1.48	−0.14	0.16	0.18
2009	−1.41	−1.88	−1.11	−2.08	−1.63	−1.94	−1.80
2010	−1.40	−2.44	−0.66	0.23	−1.56	−1.84	−1.61
2011	−2.67	−4.03	−2.61	−2.38	−2.31	−3.48	−3.05

将计算所得的贵州喀斯特地区6大水系区域Palmer指标，绘制于同一坐标系进行对比。由图2-3可知，1961—2011年51年间6区域Palmer指标变化规律基本一致，只有在1961—1965年间，赤水河綦江水系降水偏少，Palmer达到负指标的最大值，20世纪70年代中期，乌江水系降水较多，Palmer达到正的最大值。20世纪60年代初、中期，20世纪80年代后期，20世纪后期与乌江地区其他区域差别较为明显。

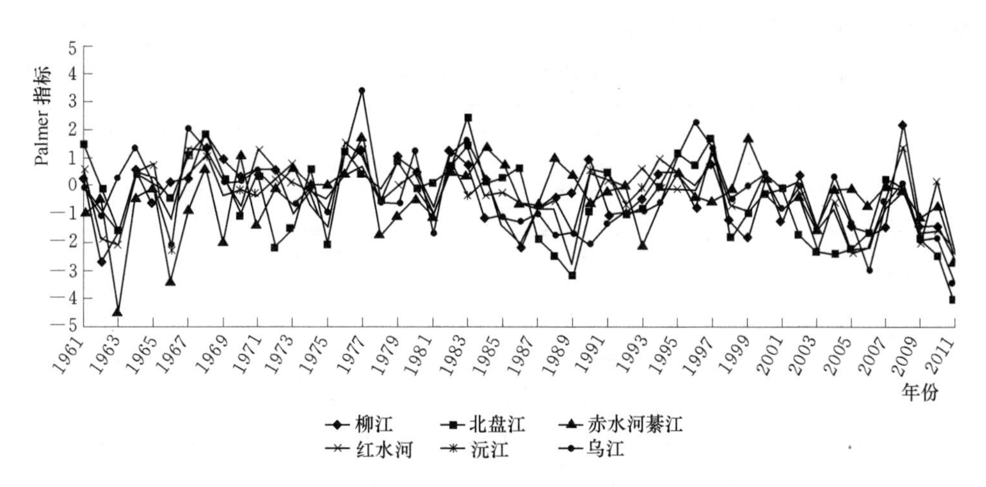

图2-3 贵州喀斯特地区6大水系Palmer指标对比

计算6区域加权平均Palmer指标与各地区比较发现，乌江区域Palmer指标最接近加权平均情况，相关系数为0.9418，如图2-4所示，两序列高度相关，因此选取乌江流域Palmer结果作为算例进行贵州喀斯特区域旱涝特征分析。

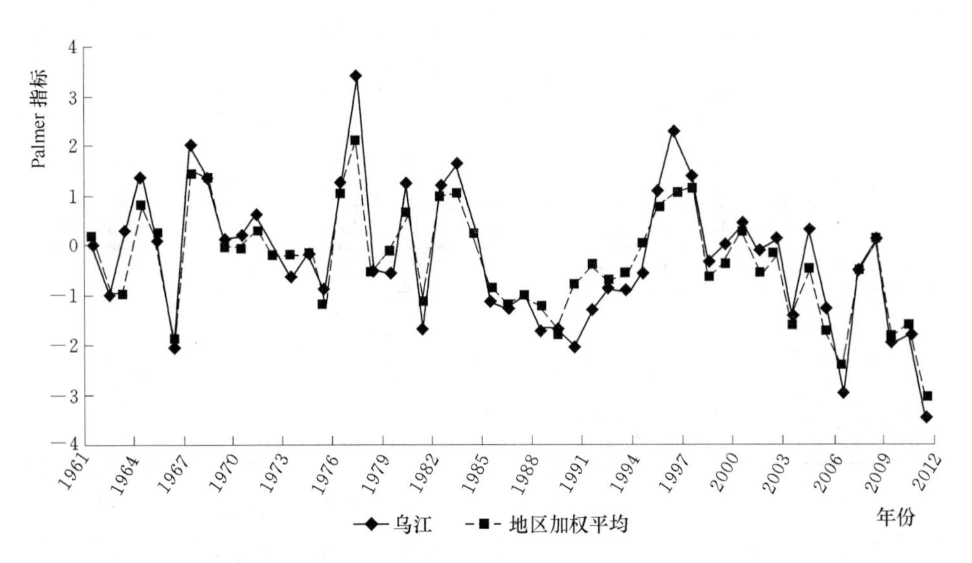

图 2-4　水系加权平均 Palmer 指标与乌江水系对比

2.2.3　Palmer 指标干旱特征分析

2.2.3.1　乌江区域干旱年际变化特征分析

（1）Palmer 指标旱情分析。

表 2-6　Palmer 干旱指标等级划分

PDSI	−0.5≤*PDSI*<0	−1.0≤*PDSI*<−0.5	−2.0≤*PDSI*<−1.0	−3.0≤*PDSI*<−2.0	−4.0≤*PDSI*<−3.0	*PDSI*<−4.0
旱涝程度	正常	始旱	轻旱	中旱	大旱	极旱
PDSI	0≤*PDSI*<0.5	0.5≤*PDSI*<1.0	1.0≤*PDSI*<2.0	2.0≤*PDSI*<3.0	3.0≤*PDSI*<4.0	4.0≤*PDSI*
旱涝程度	正常	始涝	轻涝	中涝	大涝	极涝

根据表 2-6 所列乌江区域 Palmer 指标干旱等级划分，乌江区域 1961—2011 年的 51 年中，Palmer 指标干旱等级分析见表 2-7，由表 2-7 可知乌江地区近 51 年中，大旱的有 2 年（2006 年、2011 年）、中旱的有 2 年（1966 年、1990 年）、轻旱的有 11 年（1962 年、1975 年、1981 年、1986 年、1988 年、1989 年、1991 年、2003 年、2005 年、2009 年、2010 年）、始旱的有 9 年（1973 年、1975 年、1978 年、1979 年、1987 年、1992 年、1993 年、1994 年、2007 年）；大涝的有 1 年（1977 年）、中涝的有 2 年（1967 年、1996 年）、轻涝的有 8 年（1964 年、1968 年、1976 年、1980 年、1982 年、1983 年、1995

年、1997 年)、始涝的有 1 年 (1971 年)、旱涝等级正常的有 15 年 (1961 年、1963 年、1965 年、1969 年、1970 年、1972 年、1974 年、1984 年、1998—2002 年、2004 年、2008 年),约占 29.4%,近 51 年来旱涝各等级所占比例如图 2-5 所示。

表 2-7　　乌江区域 Palmer 指标

序号	年份	Palmer 指标	干旱等级	序号	年份	Palmer 指标	干旱等级
1	1961	0.01	正常	27	1987	−0.98	始旱
2	1962	−1.07	轻旱	28	1988	−1.75	轻旱
3	1963	0.29	正常	29	1989	−1.65	轻旱
4	1964	1.36	轻涝	30	1990	−2.08	中旱
5	1965	0.06	正常	31	1991	−1.33	轻旱
6	1966	−2.06	中旱	32	1992	−0.85	始旱
7	1967	2.08	中涝	33	1993	−0.91	始旱
8	1968	1.37	轻涝	34	1994	−0.57	始旱
9	1969	0.14	正常	35	1995	1.10	轻涝
10	1970	0.18	正常	36	1996	2.27	中涝
11	1971	0.65	始涝	37	1997	1.39	轻涝
12	1972	−0.11	正常	38	1998	−0.40	正常
13	1973	−0.64	始旱	39	1999	−0.01	正常
14	1974	−0.13	正常	40	2000	0.44	正常
15	1975	−0.93	始旱	41	2001	−0.13	正常
16	1976	1.23	轻涝	42	2002	0.13	正常
17	1977	3.41	大涝	43	2003	−1.48	轻旱
18	1978	−0.55	始旱	44	2004	0.34	正常
19	1979	−0.61	始旱	45	2005	−1.27	轻旱
20	1980	1.26	轻涝	46	2006	−3.01	大旱
21	1981	−1.73	轻旱	47	2007	−0.58	始旱
22	1982	1.17	轻涝	48	2008	0.16	正常
23	1983	1.64	轻涝	49	2009	−1.94	轻旱
24	1984	0.33	正常	50	2010	−1.84	轻旱
25	1985	−1.14	轻旱	51	2011	−3.48	大旱
26	1986	−1.30	轻旱				

由图 2-4 所示 Palmer 指标逐年变化曲线可以看出,2011 年 Palmer 指标为−3.48,为 1961—2011 年 51 年以来负指标最大值,是异常干旱年;2006

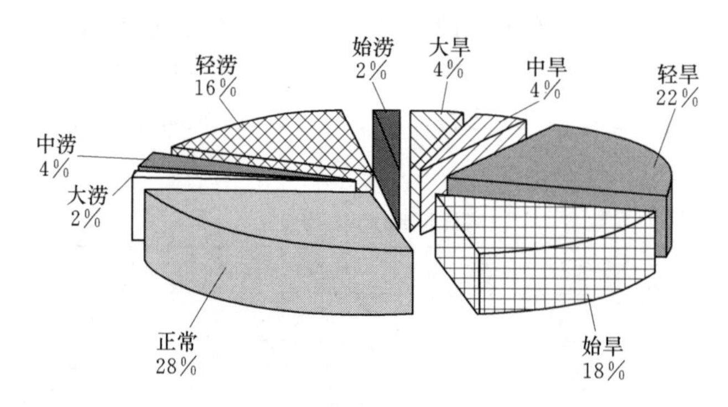

图2-5　Palmer指标旱涝等级所占比例

年指标为－3.01也属于异常干旱年份；1985—1994年连续10年负指标，是近51年来干旱最严重的一个周期；2009—2011年为3个连续负指标年份，1978—1979年、2005—2006年分别为两个连续负指标年份，分别为次干旱周期。

Palmer指标小于－2.0的有4年，占总分析年份的7.84%；Palmer指标大于2.0的有3年，占总分析年份的5.88%；其中1977年与2011年的Palmer指标相差近7，可以看出乌江区域年际间旱涝情况不平衡。由Palmer指标逐年变化曲线可以看出，乌江地区20世纪60年代前期和后期、70年代前期和后期、80年代后期和90年代前期旱情比较严重；2003—2011年大多持续干旱。

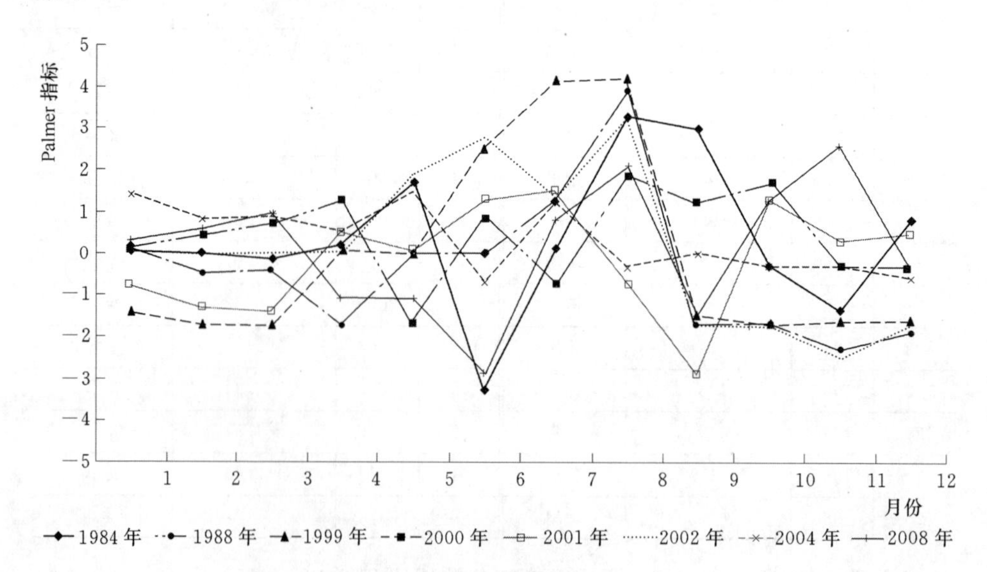

图2-6　各个月份Palmer指标变化情况

计算得实验数据降水量与 Palmer 指标相关系数为 0.8519，高度线性相关，即 Palmer 指标大部分变化趋势与降水量变化趋势一致，说明 Palmer 指标在分析旱情特征时抓住了降水量这一关键因素。

挑选最近 8 年正常年份，分别绘制其逐月 Palmer 指标变化图，如图 2-6 所示。乌江地区各个月份或季节降水量明显不均衡，总体趋势是 1—4 月份降水量相对较小；5—10 月份降水相对偏大；11—12 月份降水量偏小。图 2-5 中 1999 年的 Palmer 指标为－0.01，根据判断属于正常年份，但实际情况是 4—10 月持续多雨。其中 4—8 月总降水均超过 100mm，Palmer 指标最大值为 4.3，达到了极涝的程度。而到 9 月以后降水却突然减少，但 9—10 月总降水量仍超过 70mm。12 月降水量最小为 9.8mm，Palmer 指标为－1.6，达到了轻旱的程度。指标最大相差 6。而 1984 年和 1999 年情况有所不同，1984 年的 Palmer 指标为 0.33，属于正常年份，但是 1984 年 6 月却达到大旱等级，Palmer 指标最大为－3.3。而到了 8 月降水突然增加，达到了大涝等级，Palmer 指标最大为 3.3。但 11 月份又达到了轻旱等级，指标最大相差 6.6。另外，2008 年，年总的 Palmer 指标为 0.16，属于正常年份，除了 1 月、2 月、12 月份旱涝程度基本正常外，其他各月旱涝分布不平衡，甚至出现了旱涝急转现象。如 3 月份达到了始涝等级，4 月、5 月达到轻旱等级，6 月份达到中旱等级。7—9 月，10—12 月旱涝等级出现周期性变化趋势。其中，9 月份出现轻旱等级，11 月份 Palmer 指标为 2.6，达到了中涝的等级。

由上述分析可知，通过年总降水量获得的 Palmer 指标综合各个月份或季节降水量的盈余或缺损，不能真实地反映各个月份或季节的旱涝情况，欲获取乌江地区客观的年总旱涝水平，需要对 Palmer 指标分析方法加以改进或限制。

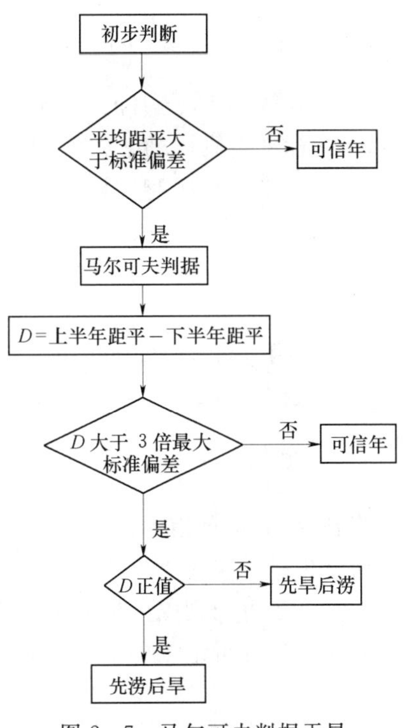

图 2-7　马尔可夫判据干旱特征分析流程图

（2）基于马尔可夫判据的 Palmer 干旱分析。

通过年总 Palmer 指标判断的旱涝正常的年份，有的时候却出现了春旱、秋旱或春涝、秋涝，显然单纯基于 Palmer 指标分析年际干旱特征存在明显不足，因此研究在Palmer指标旱情特征分析中，引入马尔可夫判据，对Palmer指标平均距平大于多年平均标准偏差的年份重新分析，判断其旱涝水平，进而减少由于各个月份降水不平衡引起的错误判断，该分析方法的流程如图2-7所示。

第一步，初步判断不可信年份，计算各月Palmer指标的距平绝对值再取平均，与标准偏差的多年平均比较，判断其是否超出平均标准偏差，如果超出则此年份旱涝分析结果视为不可信。

第二步，对于结果不可信的年份，应用马尔可夫判据进行分析：分别计算上半年1—6月距平之和以及下半年7—12月的距平之和，再计算两部分距平和之差D。

第三步，若D的绝对值大于3倍的最大标准偏差值，则该年旱涝分析结果不可信，对其干旱特性应重新分析。

第四步，判断D值正负，若D为正值则该年的旱涝特征是先涝后旱；若D为负值则该年的旱涝特征是先旱后涝。

依照上述流程图对1953—2011年59年Palmer指标数据进行分析。

(1) 首先初步判别单纯Palmer指标分析结果中不可信的年份，方法为：根据式(2-13)计算各月Palmer指标距平值：

$$\Delta p_{ij} = p_{ij} - \overline{p}_j, \quad \overline{p}_j = \frac{1}{12}\sum_{i=1}^{12} p_{ij} \tag{2-13}$$

式中：p_{ij}为第j年第i月的Palmer指标值；i、j为整数；$\overline{p}_j$为第j年的各月Palmer指标平均值；Δp_{ij}为第j年第i月的Palmer指标距平。

(2) 根据式(2-14)计算各年Palmer指标标准偏差：

$$S_j = \sqrt{\frac{\sum_{i=1}^{12}(\Delta p_{ij})^2}{12-1}} \tag{2-14}$$

式中：S_j为第j年的Palmer指标标准差。

(3) 根据式(2-15)计算各年Palmer指标标准偏差平均值：

$$\overline{S} = \frac{1}{n}\sum_{j=1}^{n} S_j \tag{2-15}$$

将各年Palmer指标标准偏差S_j与其多年平均$\overline{S}$值比较，如果超出则此年份旱涝分析结果视为不可信。

(4) 马尔可夫判据分析。

对于上述分析结果中不可信的年份，应用马尔可夫判据进行分析，得

$$D_j = \sum_{i=1}^{6}\Delta p_{ij} - \sum_{i=7}^{12}\Delta p_{ij} \tag{2-16}$$

分别计算上半年1—6月距平之和以及下半年7—12月的距平之和，再计

算两部分距平和之差 D_j。

(5) 根据阈值进一步判定。

根据式 (2-16) 设定阈值 T:

$$T = 3\max(S_j) \tag{2-17}$$

根据式 (2-17) 判别:

$$D_j \geqslant T \tag{2-18}$$

若 D 的绝对值大于 3 倍的最大标准偏差值，则该年旱涝分析结果不可信，对其干旱特性需重新分析。

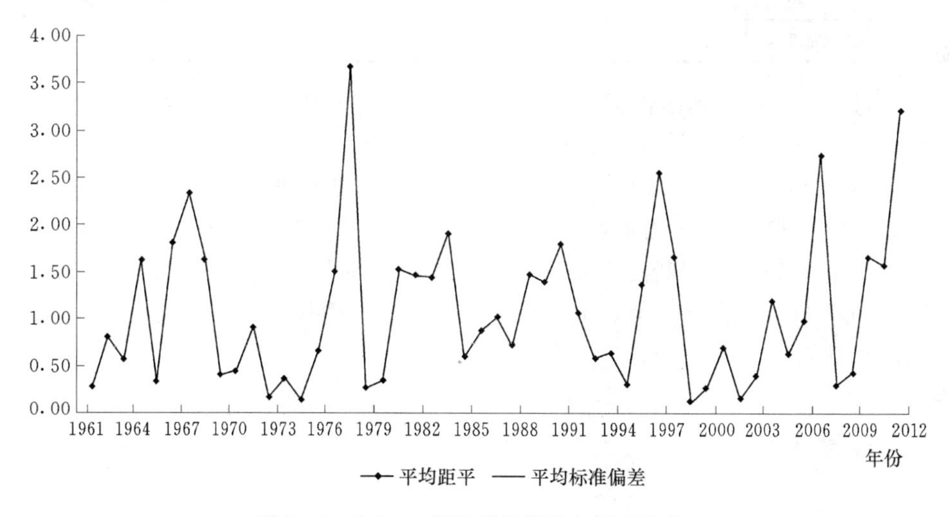

图 2-8 Palmer 指标平均距平与标准偏差

图 2-8 为计算所得的各年 Palmer 指标距平绝对值的平均与多年标准偏差的平均值比较，其中多年标准偏差平均值为 1.79。由图可知，Palmer 指标平均距平超过平均标准偏差的年份有 8 个，这 8 个年份为不可信年，这些年份的实际灾情可能比理论分析结果更严重，需对其作进一步分析。

计算各年的 Palmer 指标最大标准偏差 S 为 3.53，其 3 倍值为 10.59；计算各年的马尔可夫差值 D 与 $3S$ 比较，其中 1966 年、1977 年、1983 年的 $D<3S$，则原始判断结果可信；其他年份均不可信。原来判断出现旱情的 1990 年、2006 年、2011 年实际旱情更为严重。例如 1990 年原来中旱，但实际情况是 8—10 月份持续干旱，8 月和 9 月的 Palmer 指标高达 −5.5，10 月 Palmer 指标也达到了 −4.2，均达到了极旱的程度；2006 年原来判断为大旱，但实际情况是 2006 年八九月份，Palmer 指标分别高达 −5.6、−5.8，均达到了极旱的程度。2011 年原来判断为大旱，实际上 2011 年 7—9 月持续极旱，Palmer 指标分别为 −5、−5.6、−5.8，见表 2-8。

表 2-8　　Palmer 指标与马尔可夫差值分析对比表

序号	年份	Palmer 指标	旱涝等级	马尔可夫差值	$\lvert D \rvert > 3S$	旱涝特征
1	1966	－2.06	中旱	4.3	否	可信
2	1967	2.08	中涝	－16.1	是	先旱后涝
3	1977	3.41	大涝	1.50	否	可信
4	1983	1.64	轻涝	10.50	否	可信
5	1990	－2.08	中旱	23.30	是	先涝后旱
6	1996	2.27	中涝	－18.6	是	先旱后涝
7	2006	－3.01	大旱	14.30	是	先涝后旱
8	2011	－3.48	大旱	17.00	是	先涝后旱

进一步对初始判断正常的年份进行分析，包括 15 个正常年份：1961 年、1963 年、1965 年、1969 年、1970 年、1972 年、1974 年、1984 年、1998—2002 年、2004 年、2008 年，重新对上述不可信年份进行分析，作进一步判断，其中仅有 1963 年为不可信年，D 值为－15.3，大于 3 倍最大标准偏差，通过 D 值的正负，判断出 1963 年为先旱后涝。对比图 2-9 所示 1963 年各月 Palmer 指标变化曲线可知，上述马尔可夫判据与 Palmer 指标相结合的分析方法所得的结论正确。

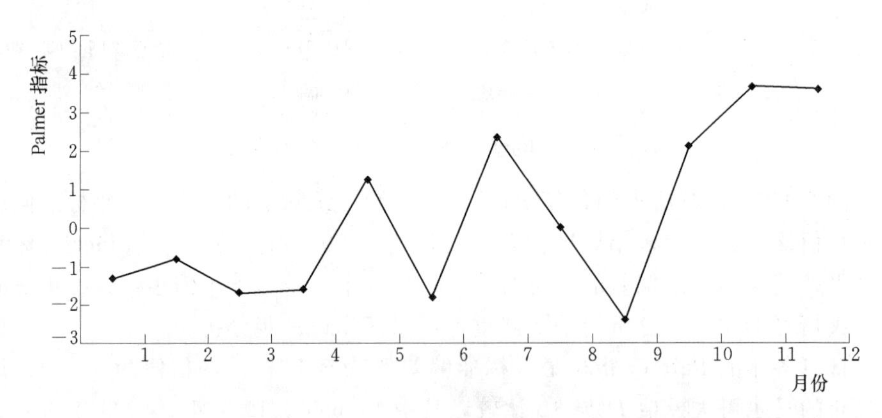

图 2-9　1963 年 Palmer 指标逐月变化曲线

2.2.3.2　乌江地区干旱在不同季节发生规律分析

由 2.2.3.1 分析可知，通过年总 Palmer 指标判断的旱涝正常的年份，有的时候却出现了春旱、秋旱或春涝、秋涝，显然欲获取乌江地区各个季节的旱涝水平，需要对 Palmer 指标进行按季分析。

计算乌江地区 1961—2011 年 51 年春季（3—5 月）、夏季（6—8 月）、秋季（9—11 月）、冬季（12—2 月）的 Palmer 指标，并绘制成如图 2-10 所示，

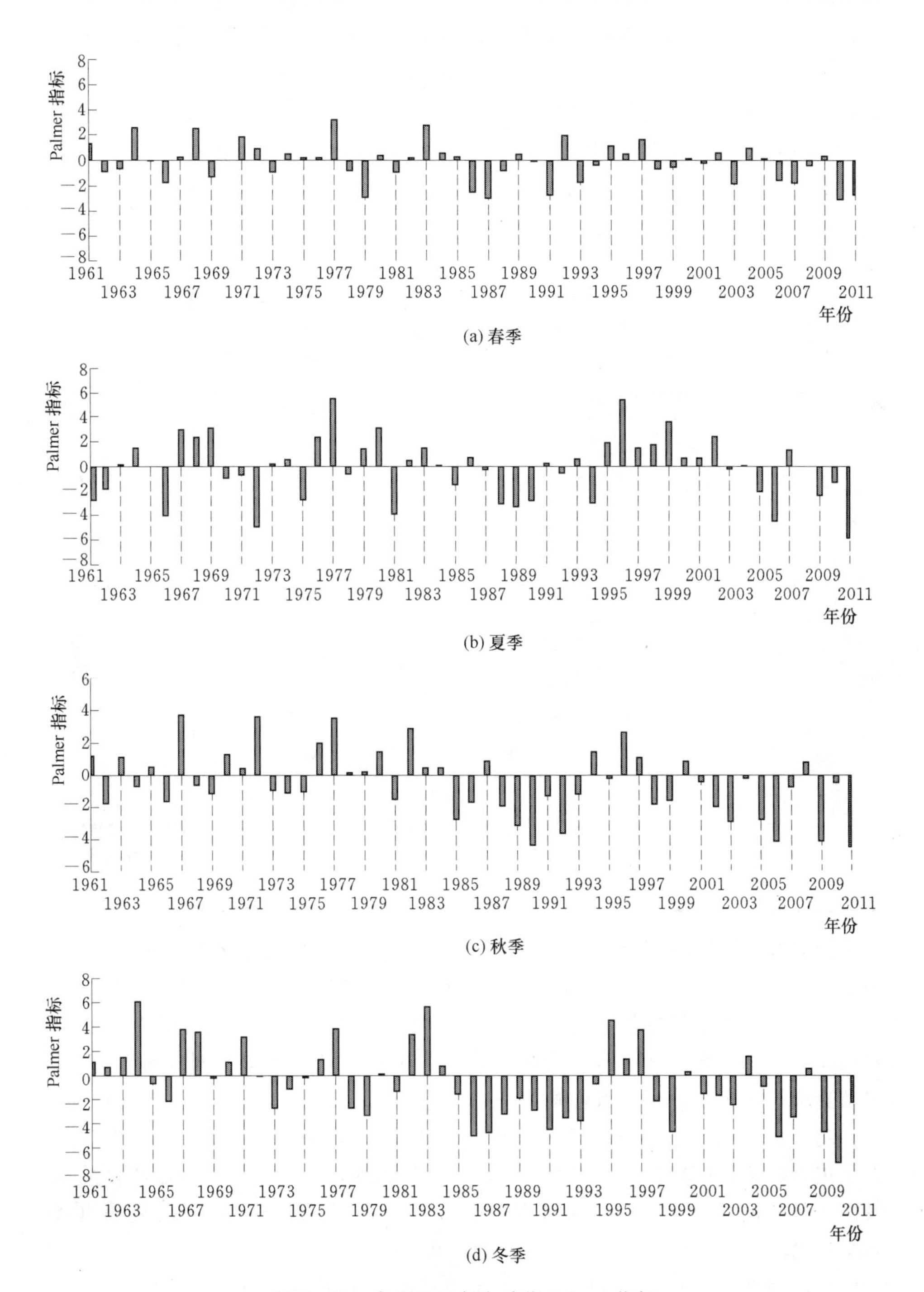

图 2-10 乌江地区各个季节 Palmer 指标

由图可以看出一般情况下虽然夏季和秋季降水明显要多于冬季和春季，夏季和冬季的旱情却比春季和秋季严重，这说明 Palmer 指标除了考虑降水外，还综合考虑了蒸散发、径流量和土壤含水率等因素。发生旱情年份的统计见表 2-9（年份按照旱情严重程度排序）。

表 2-9　　　　　　　　各季节发生旱情年份统计

季节	极旱/年份	大旱/年份	中旱/年份	轻旱/年份	始旱/年份
春	—	1987、2010	1979、1986、1991、2011	1966、1969、1993、2003、2006、2007	1962、1963、1973、1978、1981、1988、1998
夏	1966、1972、2006、2011	1981、1988、1989、1994	1961、1975、1990、2005、2009	1962、1966、1969、1974、1975、1981、1986、1988、1991、1993、1998、1999	1971、1978、1992
秋	1990、2006、2009、2011	1989、1992	1985、2003、2005	1962、1966、1969、1974、1975、1981、1986、1988、1991、1993、1998、1999	1964、1968、1973
冬	1986、1987、1991、1999、2006、2009、2010	1979、1988、1992、1993、2007	1966、1973、1978、1990、1998、2003、2011	1974、1981、1985、1989、2001、2002	1965、1994、2005

由表 2-9 可知，乌江地区在 1961—2011 年近 51 年春季未发生特大旱灾，出现旱情 19 年次，有 2 年发生大旱、4 年发生中旱、6 年发生轻旱、7 年发生始旱。春旱发生干旱的概率为 37.25%。春季正是春耕时节，时逢贵州省主要农作物如水稻、烤烟等播种、育秧、出苗的关键时期，干旱会对播种、育秧、出苗造成一定影响，减少农作物产量。

乌江地区在 1961—2011 年近 51 年中夏季有 28 年发生干旱、4 年发生特大旱灾、4 年发生大旱、5 年发生中旱、12 年发生轻旱、3 年发生始旱。夏季发生干旱的概率为 54.9%，夏季是农作物拔节、开花的关键时期，夏旱直接影响作物的产量和质量。

乌江地区在 1961—2011 年近 51 年中秋季发生干旱 24 年次，秋旱发生概率为 47.06%。特大干旱有 4 年次、大旱有 2 年次、中旱有 3 年次、轻旱有 12

年次、始旱有3年次。秋季是大田作物籽粒灌浆的关键时期，在此时间段降水量短缺会影响作物的产量和质量。

乌江地区在1961—2011年近51年中冬季发生干旱28年次，冬季发生概率为54.9%。有7年次发生特大干旱、有5年次发生大旱、有7年次发生中旱、有6年次发生轻旱、有3年次发生始旱。冬季是油菜、小麦播种的关键时期，干旱会影响作物发育，降低作物的出苗率，近而影响到作物品质和产量。同时，冬旱会影响来年土壤底墒。

由上述分析可知，乌江地区在1961—2011年51年期间春、夏、秋、冬四个季节发生旱情的51年次中，涉及到37个年份，发生率为72.54%。利用年度Palmer指标分析旱情结论中，发生中旱以上等级旱灾的年份有24年，而实际上有37个年份在春季、夏季、秋季或者冬季出现旱情。利用年度Palmer指标旱情分析中始旱和轻旱分别为9年次和11年次、旱涝等级正常年份15个、始涝和轻涝的年次分别为1年次和8年次，即未发生严重灾害的为44年次，占86.3%；旱涝等级正常的为15年次，占28%。未发生严重灾害的为44年次，占86.27%。而按照季度Palmer旱情分析中，仅有1962年、1963年、1965年、1970年、1974年、1984年、2000年、2001年、2004年、2008年10个年份里四季均未发生严重旱灾，也未发生严重涝灾，占总年数的19.6%。图2-11为未发生严重旱涝灾害年份四季Palmer指标。

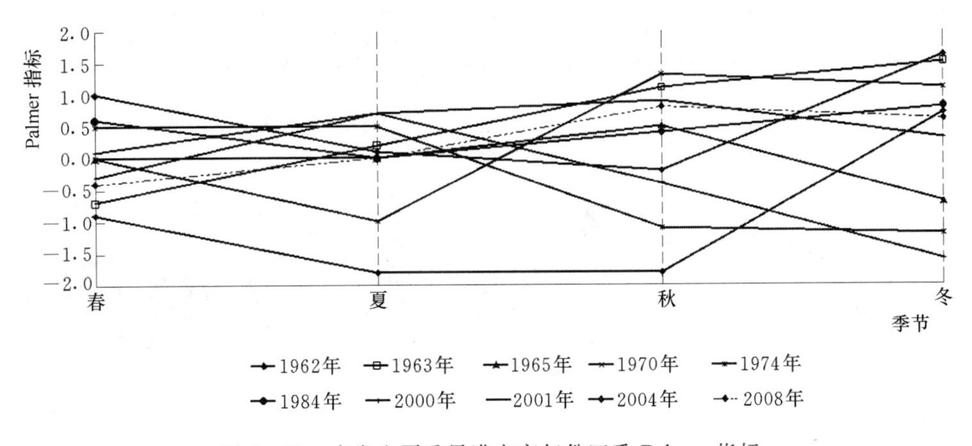

图2-11　未发生严重旱涝灾害年份四季Palmer指标

2.3　基于降水距平的干旱特性分析

2.3.1　降水距平百分率

降水距平百分率反映了某时段降水量相对于同期平均状态的偏离程度，

不同地区不同时期有不同的平均降水量，因此它是一个具有时空对比性质的相对指标。降水距平百分率具有计算简便、适用性强、计算结果比较符合实际等优点，可在考虑前期降水量、干旱持续时间、干旱发生季节和作物所处的生育期的基础上灵活选取指标。该指标计算公式为

$$D_p = \frac{P - \overline{P}}{\overline{P}} \times 100\% \qquad (2-19)$$

式中：D_p 为降水量距平百分率,%；P 为计算时段内降水量，mm；$\overline{P}$ 为同期降水量多年平均值，mm（通常取近 30 年的平均）。

水利部 2008 年发布了《旱情等级标准》（SL 424—2008），该标准中采用降水距平百分率评估农业旱情，见表 2-10。

表 2-10　　降水距平百分率旱情等级划分

旱情等级	降水距平百分率 D_p		
	月尺度	季尺度	年尺度
轻度	$-60 < D_p \leqslant -40$	$-50 < D_p \leqslant -25$	$-30 < D_p \leqslant -15$
中度	$-80 < D_p \leqslant -60$	$-70 < D_p \leqslant -50$	$-40 < D_p \leqslant -30$
严重	$-95 < D_p \leqslant -80$	$-80 < D_p \leqslant -70$	$-45 < D_p \leqslant -40$
特大	$D_p \leqslant -95$	$D_p \leqslant -80$	$D_p \leqslant -45$

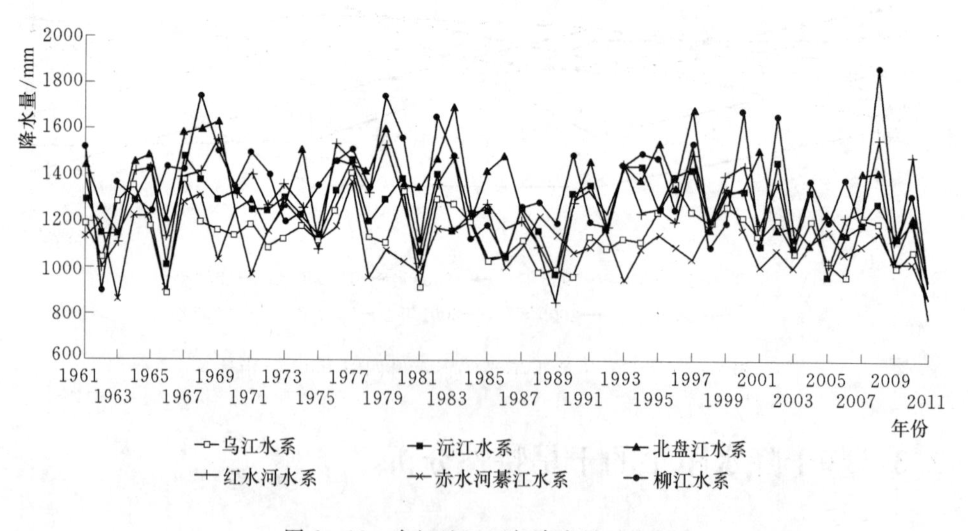

图 2-12　乌江地区逐年降水量对比图

2.3.2　乌江地区降水量分析

根据1961—2011年降水量监测数据，贵州喀斯特地区6大水系的年降水量对比曲线如图2-12所示，由图可以看出各个区域降水总体趋势比较一致，各个区域逐年降水量呈现一定的地区差异，最大值出现在2008年柳江水系，该年降水量达1865.4mm，次之的是1968年，年降水量为1748.9mm；降水量最小值出现在2011年的北盘江水系，年降水量仅为799.6mm，次之的是1989年的红水河水系，年降水量854.2mm，最大和最小年降水量之差为1065.8mm。

通过计算各个地区逐年降水量与平均降水量相关系数分析地区差异特性，由表2-11相关系数结果可知，乌江地区年降水量与平均降水量相关系数为0.9402，是6个区域中相关系数最好的一个，沅江地区次之，相关系数为0.8870。赤水河綦江水系年降水量与平均降水量相关系数为0.4363，是6个区域中相关性最差的一个。本次选取乌江地区降水量为实验数据，用于分析喀斯特地区旱情特征。

表2-11　　贵州喀斯特地区各水系年降水量与平均降水量相关系数

序号	地　区	相关系数	序号	地　区	相关系数
1	乌江水系	0.9042	4	红水河水系	0.8002
2	沅江水系	0.8870	5	赤水河綦江水系	0.4363
3	北盘江水系	0.7130	6	柳江水系	0.5936

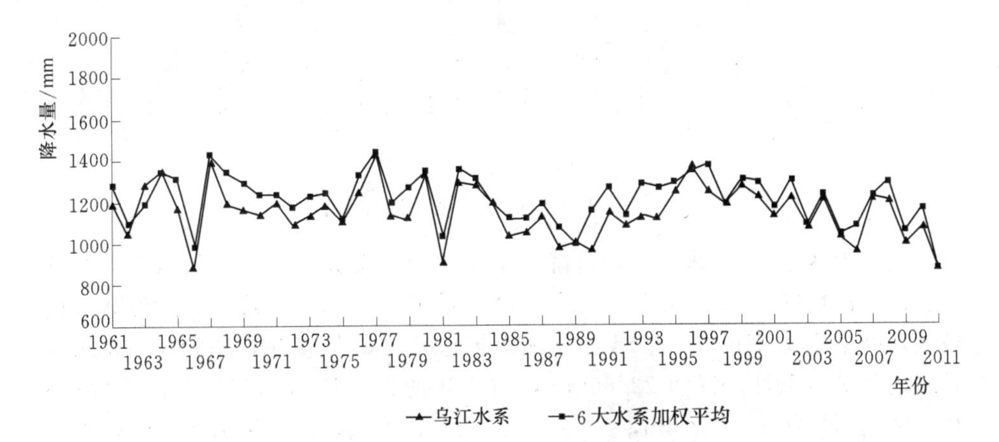

图2-13　乌江地区年降水量与地区平均降水量之比较

根据图2-13中乌江地区1961—2011年降水量数据，可得出近51年来贵州喀斯特地区平均降水量，可以看出乌江地区51年来降水量变化趋势与贵州喀斯特地区平均降水量变化趋势一致，呈现高度的相关性。计算得出近51年来乌江地区平均降水量为1145.4mm，51年来各个月平均降水量所占比例列于表2-12。

表2-12　　乌江地区51年年际各个月平均降水量

月份	逐年平均降水量/mm	百分比/%	月份	逐年平均降水量/mm	百分比/%
1	22.66	1.978	8	139.57	12.185
2	23.55	2.056	9	109.24	9.537
3	39.94	3.487	10	99.80	8.713
4	99.31	8.670	11	49.22	4.297
5	164.03	14.321	12	22.67	1.979
6	204.23	17.830	年总	1145.40	100
7	171.33	14.958			

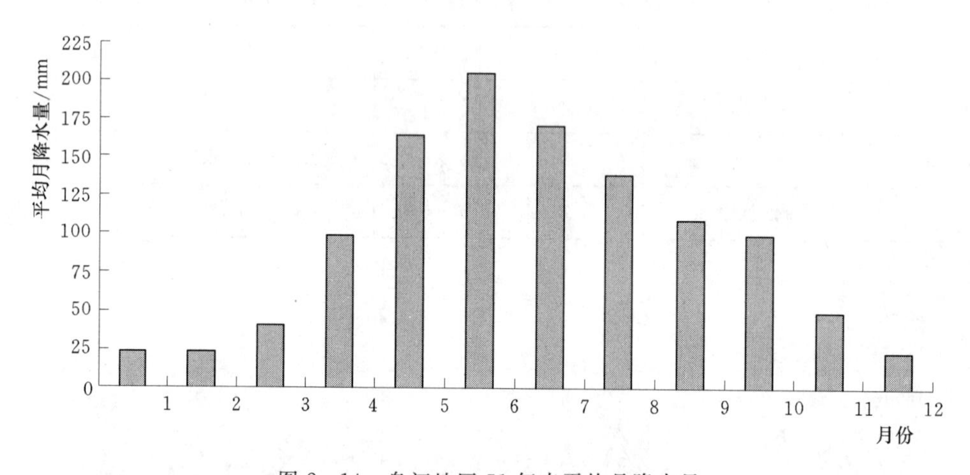

图2-14　乌江地区51年来平均月降水量

乌江地区近51年来，平均月降水量变化曲线图如图2-14所示。由图可以看出乌江地区51年年际各个月平均降水量极其不均匀，其中6月份降水量最大，高达204.23mm，占51年年际全年总平均降水量的17.830%；降水量最少的月份为1月，仅为22.66mm，占全年的百分比为1.978。春季（3—5月）降水量为303.28mm，占比26.478%；夏季（6—8月）降水量为515.13mm，占比44.974%；秋季（9—11月）降水量为258.26mm，占比22.548%；冬季（12—2月）降水量为68.88mm，仅占比6.014%。可见夏季降水量丰沛，冬季最少。即使夏季降水量较大，但由于喀斯特独特的地质条件，土壤保水性差，仍然会出现较为严重的干旱。

2.3.3 乌江地区干旱特征分析

2.3.3.1 乌江地区干旱年际变化特征分析

选取算例数据中1961—2011年近51年各年总降水量及各月总降水量为基准数据，根据式（2-19）计算乌江地区各年季各个月份降水距平百分率。

由于整个乌江流域地区覆盖面积广，降水时间分布严重不均，按照以往通常采用的研究方法，即将区域内17个站点旱涝等级进行平均，采用平均值的旱涝等级对研究区域的旱涝特征进行分析。该方法没有充分反映出不同的旱涝等级。同时，由于乌江流域平均年降水在866～1418mm之间变化，正指标最大距平为23.7，负指标最大距平为－24.5，按照表2-10降水距平百分率旱情等级划分，全部属于正常年份，这与实际严重不符。事实上，由于乌江流域面积广，旱涝程度空间分布不均，采用平均不同站点的旱涝等级相互抵消，尤其是抵消掉了重旱、重涝站对区域旱涝的影响程度。一般来看，基于变化环境下的一个流域，旱涝等级差异较大，重旱、重涝站点对流域旱涝的影响程度较大，而且重旱、重涝站的数量与区域旱涝程度的影响成正比。

为消除上述影响，将整个乌江流域划分为3大子区域：乌江上游、中游和下游。分别相应的代表站点为务川、息烽、赫章，分别计算其年尺度、季尺度季月尺度降水距平，见表2-13，以便进行区域的干旱特征分析。

表2-13　　乌江流域年尺度降水距平计算表

乌江流域上游务川站			乌江流域中游息烽站			乌江流域下游赫章站		
序号	年份	降水距平/%	序号	年份	降水距平/%	序号	年份	降水距平/%
1	1961	−0.06	1	1961	0.08	1	1961	0.06
2	1962	−0.05	2	1962	−0.15	2	1962	−0.20
3	1963	0.32	3	1963	0.06	3	1963	−0.14
4	1964	0.23	4	1964	0.25	4	1964	−0.09
5	1965	−0.14	5	1965	−0.04	5	1965	0.04
6	1966	−0.13	6	1966	−0.27	6	1966	−0.12
7	1967	0.28	7	1967	0.06	7	1967	0.11
8	1968	0.21	8	1968	−0.10	8	1968	0.03
9	1969	0.10	9	1969	0.06	9	1969	−0.18
10	1970	−0.04	10	1970	0.08	10	1970	0.11
11	1971	−0.02	11	1971	0.17	11	1971	0.10
12	1972	−0.02	12	1972	−0.04	12	1972	−0.02

续表

乌江流域上游务川站			乌江流域中游息烽站			乌江流域下游赫章站		
序号	年份	降水距平/%	序号	年份	降水距平/%	序号	年份	降水距平/%
13	1973	0.10	13	1973	0.06	13	1973	0.04
14	1974	−0.05	14	1974	0.15	14	1974	0.14
15	1975	−0.12	15	1975	0.02	15	1975	−0.06
16	1976	0.18	16	1976	0.00	16	1976	0.25
17	1977	0.28	17	1977	0.32	17	1977	0.05
18	1978	0.05	18	1978	−0.03	18	1978	0.12
19	1979	−0.10	19	1979	0.11	19	1979	−0.04
20	1980	0.27	20	1980	0.32	20	1980	0.14
21	1981	−0.23	21	1981	−0.27	21	1981	0.04
22	1982	0.14	22	1982	0.19	22	1982	0.21
23	1983	0.16	23	1983	−0.07	23	1983	0.44
24	1984	0.15	24	1984	0.06	24	1984	0.08
25	1985	−0.11	25	1985	−0.21	25	1985	0.03
26	1986	−0.14	26	1986	−0.09	26	1986	−0.07
27	1987	−0.17	27	1987	−0.17	27	1987	−0.20
28	1988	−0.28	28	1988	0.03	28	1988	−0.02
29	1989	−0.06	29	1989	−0.17	29	1989	−0.24
30	1990	−0.22	30	1990	−0.09	30	1990	−0.05
31	1991	−0.13	31	1991	−0.25	31	1991	−0.09
32	1992	−0.12	32	1992	0.19	32	1992	−0.03
33	1993	0.05	33	1993	−0.13	33	1993	−0.14
34	1994	−0.17	34	1994	−0.08	34	1994	−0.03
35	1995	−0.04	35	1995	0.02	35	1995	0.10
36	1996	0.29	36	1996	0.09	36	1996	−0.10
37	1997	0.05	37	1997	0.25	37	1997	0.18
38	1998	−0.07	38	1998	−0.01	38	1998	0.11
39	1999	0.24	39	1999	−0.18	39	1999	−0.06
40	2000	−0.03	40	2000	0.14	40	2000	−0.11
41	2001	−0.26	41	2001	0.08	41	2001	0.30
42	2002	0.07	42	2002	0.02	42	2002	−0.12
43	2003	0.12	43	2003	0.19	43	2003	−0.25
44	2004	0.20	44	2004	−0.19	44	2004	−0.11
45	2005	−0.22	45	2005	0.07	45	2005	−0.10
46	2006	−0.17	46	2006	−0.11	46	2006	−0.28

续表

乌江流域上游务川站			乌江流域中游息烽站			乌江流域下游赫章站		
序号	年份	降水距平/%	序号	年份	降水距平/%	序号	年份	降水距平/%
47	2007	−0.06	47	2007	−0.20	47	2007	0.06
48	2008	−0.02	48	2008	0.23	48	2008	0.46
49	2009	−0.05	49	2009	0.02	49	2009	−0.16
50	2010	0.05	50	2010	−0.16	50	2010	−0.06
51	2011	−0.23	51	2011	−0.22	51	2011	−0.11

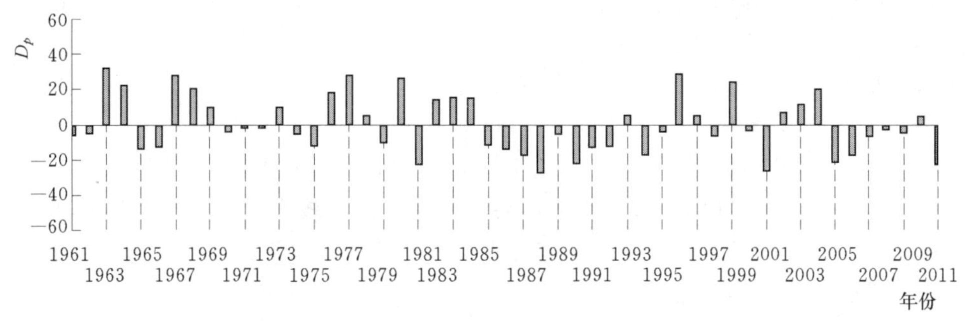

(a) 上游

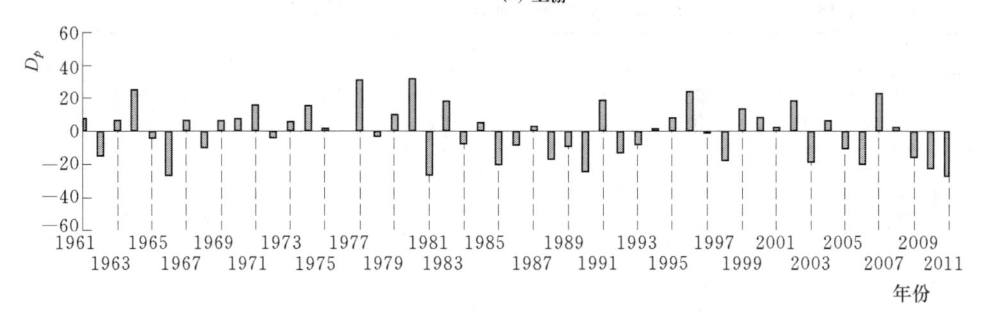

(b) 中游

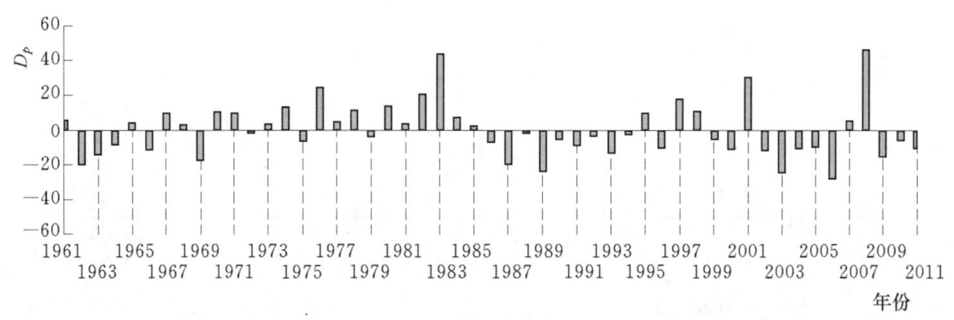

(c) 下游

图 2-15 乌江流域上、中、下游年尺度降水距平百分率

由图 2-15 可以看出，降水距平百分率可以直观地给出各个时间段降水量偏离降水平均水平的程度。近 51 年中，乌江流域上游有 9 年发生轻度干旱；中游有 12 年发生轻度干旱；下游有 6 年发生轻度干旱。乌江流域干旱发生率最高区域为该流域中游，占比 23.53%，且干旱程度多为轻度干旱，等级偏低；干旱等级正常年份为 39 年，占比 76.47%。该分析结果与《贵州省抗旱规划》记载明显不符，其主要原因是乌江地区各个月份降水极其不均匀，基于全年降水距平百分率的旱涝等级分析，综合了各个月份降水的盈缺，弱化了干旱发生的程度。因此，在乌江流域地区干旱特征分析中，应考虑季度或者各个月份降水量的影响，分别对季尺度和月尺度等不同时间段干旱特征进行分析。

2.3.3.2　乌江地区干旱特征季节发生规律分析

根据基础数据，重新按照季节分别计算乌江地区上、中、下游 1961—2011 年 51 年春季（3—5 月）、夏季（6—8 月）、秋季（9—11 月）、冬季（12—2 月）四个季度的降水距平百分数，绘制曲线图如图 2-16 所示。

由图 2-16 可以看出，近 51 年来四季降水波动较大且逐年降水明显不平衡，呈现一定波动。按照四个季度降水距平百分率，重新分析乌江地区旱情特征，统计结果如表2-14所示（年份先后按照旱情严重程度排序）。

表 2-14　　乌江流域季尺度降水距平百分率计算结果

季节	上游（务川站）		中游（息烽站）		下游（赫章站）		
	中度干旱/年份	轻度干旱/年份	中度干旱/年份	轻度干旱/年份	严重干旱/年份	中度干旱/年份	轻度干旱/年份
春	2011	1979、1986—1988、2003、2007	1991、2011	1979、1986—1989、1993、1998、2010	1979	1969、1988、2011	1963、1975、1987、1989、1995、1999、2003、2009、2010
夏	1972、1990、2006	1961、1965、1966、1970、1975、1981、1988、1989、1994、2001、2005、2011	1966、1981	1965、1972、1975、1990、1992、1994、1997、2003、2006、2010、2011	—	—	1962、1964、1972、1975、1987、1989、1990、1996、2000、2003、2005、2006
秋	2009	1974、1981、1983、1988、1991、1998、2001、2002、2003、2005	—	1966、1974、1985、1993、1998、2002、2004、2005、2009	—	1984	1966、1971、1974、1988、1993、1999、2009
冬	2010	1972、1974、1975、1987、1996、1998、2001、2008、2011	—	1966、1974、1985、1998、2002、2004、2005、2009	1969、1988	1974、2010	1962、1964、1966、1968、1972、1973、1984、1989、1990、1994、1996、2001、2009

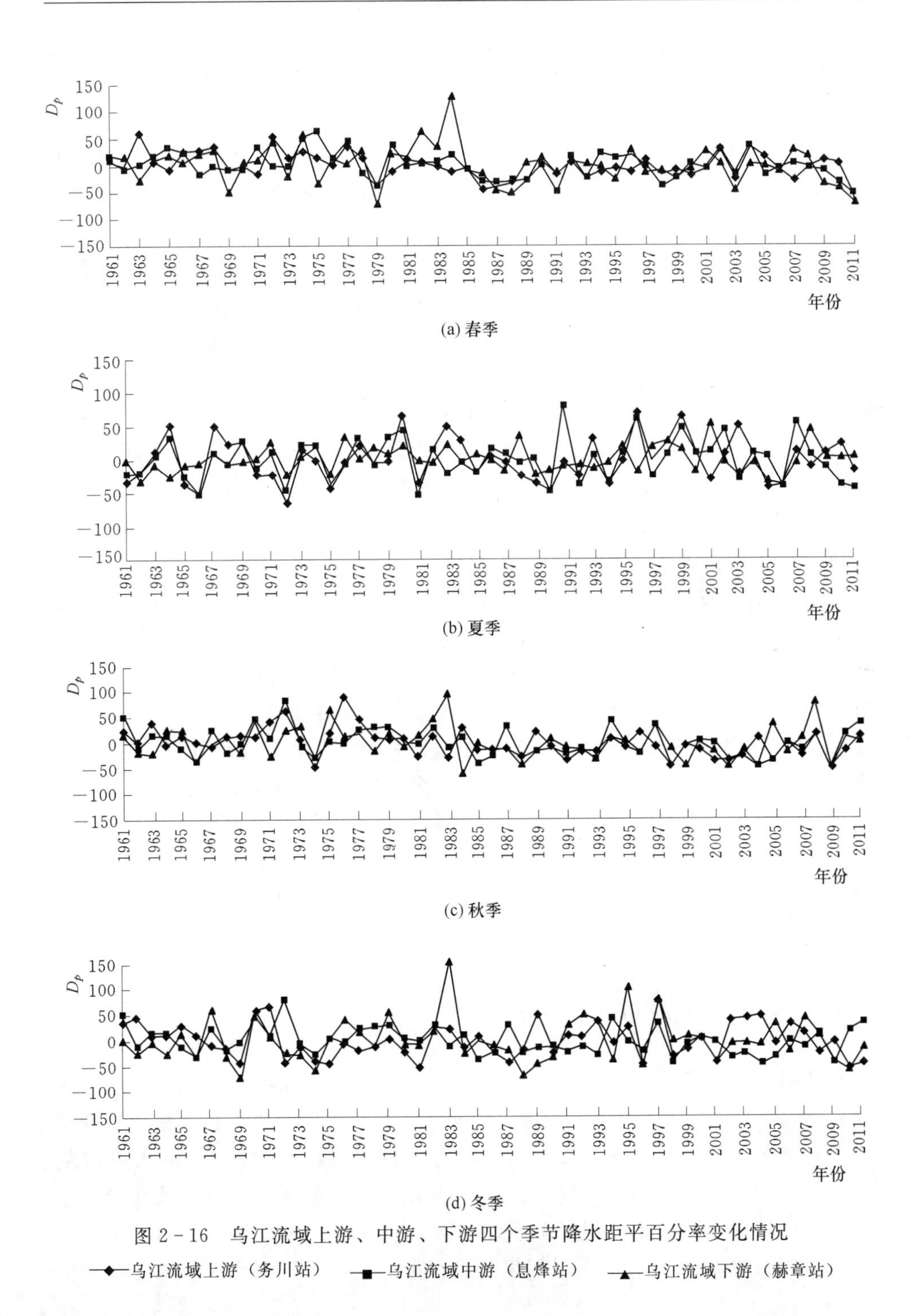

(a) 春季

(b) 夏季

(c) 秋季

(d) 冬季

图 2-16 乌江流域上游、中游、下游四个季节降水距平百分率变化情况

由各个季节统计表 2－14 可以看出，按照降水距平百分率判断乌江流域地区 1961—2011 年近 51 年来均未发生特大干旱，严重干旱主要发生在乌江流域下游（赫章站），其中严重干旱在春季发生 1 年次，在冬季发生 2 年次。

乌江流域上游（务川站）四季发生干旱的频率特征为：在春季出现中度干旱 1 年次，轻度干旱 6 年次，春季干旱发生的概率约为 13.73%；在夏季出现中度干旱 3 年次，轻度干旱 12 年次，夏季干旱发生的概率为 29.41%；在秋季出现中度干旱 1 年次，轻度干旱 10 年次，秋季发生概率约为 21.57%；在冬季出现中度干旱 1 年次，轻度干旱 9 年次，冬季发生概率约为 19.61%。总体来看，乌江流域上游（务川站）区域 51 年间在春、夏、秋、冬四个季节出现干旱 43 年次，其中涉及旱情的 29 年次，发生季节性干旱的概率为 56.86%。

乌江流域中游（息烽站）四季发生干旱的频率特征为：在春季出现中度干旱 2 年次，轻度干旱 8 年次，春季干旱发生的概率约为 19.61%；在夏季出现中度干旱 2 年次，轻度干旱 11 年次，夏季干旱发生的概率为 25.49%；在秋季出现轻度干旱 9 年次，秋季发生概率约为 17.65%；在冬季出现轻度干旱 8 年次，冬季发生概率约为 15.69%。总体来看，乌江流域中游（息烽站）区域 51 年间在春、夏、秋、冬四个季节出现干旱 40 年次，其中涉及旱情的 28 年次，发生季节性干旱的概率为 54.90%。

乌江流域下游（赫章站）四季发生干旱的频率特征为：在春季出现严重干旱 1 年次，中度干旱 3 年次，轻度干旱 9 年次，春季干旱发生的概率约为 25.49%；在夏季出现轻度干旱 12 年次，夏季干旱发生的概率为 23.53%；在秋季出现中度干旱 1 年次，轻度干旱 7 年次，秋季发生概率约为 15.69%；在冬季出现严重干旱 2 年次，中度干旱 2 年次，轻度干旱 13 年次，冬季发生概率约为 33.33%。总体来看，乌江流域下游（赫章站）区域 51 年间在春、夏、秋、冬四个季节出现干旱 50 年次，其中涉及旱情的 30 年次，发生季节性干旱的概率为 58.82%。

2.4　基于 Z 指标的干旱特征分析

Z 指标是使用最为广泛的指标之一。计算 Z 指标，是假定某时段降水量服从 Person－Ⅲ型分布，通过对降水量进行正态化处理后，则可将其概率密度函数通过转换运算，得到式（2－20）。Z 指标通过假设某段时间降水量服从 Person－Ⅲ型分布，随着时间序列增长，降水量通常服从正态分布或接近正态分布。计算 Z 指标时，用到偏态系数，当标准变量 φ_i 确定时，Z 指标主要取决于偏态系数 C_s，表明 Z 指标不仅与降水量有关，还与该地区降水分布特征有关。

$$Z_i=\frac{6}{C_s}\left(\frac{C_s}{2}\varphi_i+1\right)^{\frac{1}{3}}-\frac{6}{C_s}+\frac{C_s}{6} \tag{2-20}$$

式中：C_s 为偏态系数；φ_i 为标准变量。C_s、φ_i 均可由降水量资料序列计算求得

$$C_s=\frac{\sum_{i=1}^{n}(x_i-\overline{x})^3}{n\sigma^3} \tag{2-21}$$

$$\varphi_i=\frac{x_i-\overline{x}}{\sigma} \tag{2-22}$$

$$\sigma=\sqrt{\frac{1}{n}\sum_{i=1}^{n}(x_i-\overline{x})^2} \tag{2-23}$$

$$\overline{x}=\frac{1}{n}\sum_{i=1}^{n}x_i \tag{2-24}$$

式中：x_i 为降水量，mm；$\overline{x}$ 为平均降水量，mm。

采用上式求得 Z 指标，再由对应 Z 指标标准确定旱涝等级见表 2-15。

表 2-15　以 Z 指标为标准的旱涝等级

等级	Z 指标范围	旱涝等级
1	$Z>1.645$	重涝
2	$1.037<Z\leqslant 1.645$	大涝
3	$0.842<Z\leqslant 1.037$	偏涝
4	$-0.842\leqslant Z\leqslant 0.842$	正常
5	$-1.037\leqslant Z\leqslant -0.842$	偏旱
6	$-1.645\leqslant Z\leqslant -1.037$	大旱
7	$Z<-1.645$	重旱

2.4.1 乌江地区 Z 指标计算

2.4.1.1 Z 指标的程序实现

用 FORTRAN 语言编程实现近 51 年研究地区气象数据的 Z 指标计算，输入降水量 x_i，依次计算平均降水量 $\overline{x}$、标准偏差 σ、标准变量 θ_i、偏态系数 C_s，输出气象干旱 Z 指标，计算程序流程见图 2-17 所示。

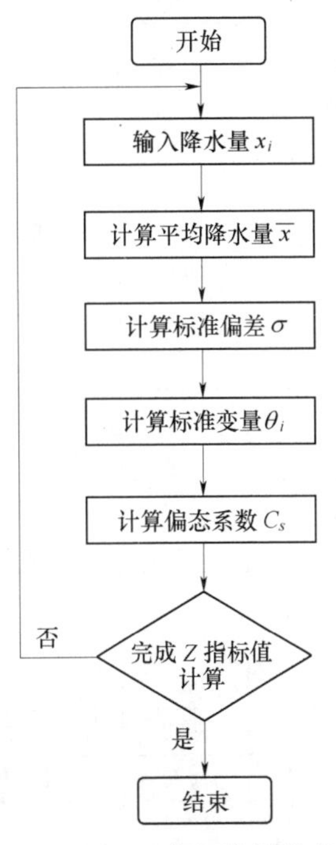

图 2-17　Z 指标计算程序流程图

2.4.1.2 Z 指标计算结果

由研究区域近 51 年的降水量序列资料，计算乌

江地区 1961—2011 年度 Z 指标，根据表 2-15 所示 Z 指标的旱涝等级划分表，得出乌江地区逐年 Z 指标的干旱等级分析见表 2-16。由表可知乌江地区近 51 年来，重旱的有 3 年（1966 年、1981 年、2011 年），大旱的有 5 年（1988 年、1989 年、1990 年、2006 年、2009 年），偏旱的有 2 年（1985 年、2005 年），旱涝等级正常的有 32 年（1961 年、1962 年、1965 年、1968—1976 年、1978 年、1979 年、1984 年、1986 年、1987 年、1991—1995 年、1997 年、1998 年、2000—2004 年、2007 年、2008 年、2010 年），偏涝的有 2 年（1983 年、1999 年），大涝的有 3 年（1963 年、1980 年、1982 年），重涝的有 4 年（1964 年、1967 年、1977 年、1996 年）。

表 2-16　乌江地区 Z 指标旱涝等级

序号	年份	Z 指标	干旱等级	序号	年份	Z 指标	干旱等级
1	1961	0.351	正常	27	1987	−0.206	正常
2	1962	−0.835	正常	28	1988	−1.285	大旱
3	1963	1.074	大涝	29	1989	−1.160	大旱
4	1964	1.675	重涝	30	1990	−1.467	大旱
5	1965	0.220	正常	31	1991	−0.050	正常
6	1966	−2.043	重旱	32	1992	−0.517	正常
7	1967	1.918	重涝	33	1993	−0.158	正常
8	1968	0.377	正常	34	1994	−0.281	正常
9	1969	0.025	正常	35	1995	0.727	正常
10	1970	−0.075	正常	36	1996	1.822	重涝
11	1971	0.374	正常	37	1997	0.794	正常
12	1972	−0.455	正常	38	1998	0.304	正常
13	1973	−0.143	正常	39	1999	1.000	偏涝
14	1974	0.289	正常	40	2000	0.564	正常
15	1975	−0.450	正常	41	2001	−0.167	正常
16	1976	0.515	正常	42	2002	0.542	正常
17	1977	2.197	重涝	43	2003	−0.628	正常
18	1978	−0.121	正常	44	2004	0.460	正常
19	1979	−0.315	正常	45	2005	−0.966	偏旱
20	1980	1.479	大涝	46	2006	−1.447	大旱
21	1981	−1.785	重旱	47	2007	0.492	正常
22	1982	1.154	大涝	48	2008	0.386	正常
23	1983	1.020	偏涝	49	2009	−1.171	大旱
24	1984	0.294	正常	50	2010	−0.543	正常
25	1985	−0.907	偏旱	51	2011	−2.149	重旱
26	1986	−0.745	正常				

2.4.2 基于 Z 指标的区域特征分析

近 51 年来，旱涝各等级所占总统计年数 51 年的比例分别为：重旱年约占 5.88%，大旱年约占 9.80%，偏旱年约占 3.92%，正常年约占 62.75%，偏涝年约占 3.92%，大涝年约占 5.88%，重涝年约占 7.84%，近 51 年来旱涝等级所占比例如图 2-18 所示。

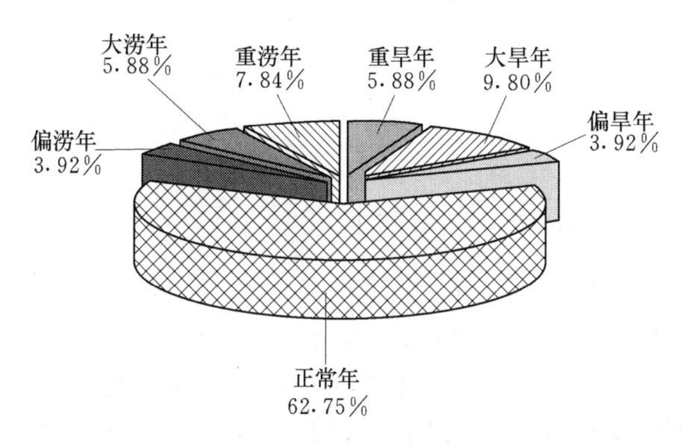

图 2-18 51 年中 Z 指标旱涝等级所占比例

由表 2-16 所示的乌江地区 Z 指标旱涝等级，可绘制出乌江地区近 51 年 Z 指标逐年变化曲线如图 2-19 所示。可以看出，2011 年 Z 指标为−2.149，为 1961—2011 年 51 年来负指标最大值，是异常干旱年；1966 年 Z 指标为−2.043，1981 年 Z 指标为−1.785，也属于异常干旱年。1985—1994 年连续 10 年负指标，是近 51 年干旱最严重的一个周期，其中 1988—1990 年连续 3 年，Z 指标达到大旱的干旱等级。2009—2011 年连续 3 年，Z 指标同时呈现负指标的变化规律，其中 2009 年达到大旱的干旱等级，2011 年达到重旱的干旱等级。

2.4.2.1 乌江地区干旱的年度发生特征分析

Z 指标小于−1.037 的年份有 8 年，占总分析年份的 15.69%；Z 指标大于 1.037 的年份有 7 年，占总分析年份的 13.73%，其中 1977 年为正指标的最大值，Z 指标为 2.197，达到了重涝的程度。2011 年的 Z 指标与 1977 年的 Z 指标相差将近 5，可以看出乌江地区年际间旱涝情况不均衡。由 Z 指标逐年变化曲线可以看出，乌江地区干旱特征具有明显的代际变化趋势，20 世纪 80 年代中后期旱情比较严重，1988—1990 年，持续大旱。60 年代后期至 70 年代中期，90 年代前、中期较为正常，2000—2004 年也较为正常。近年来贵州喀斯特地区干旱呈现“3 年一小旱，5 年一中旱，10 年一大旱”的干旱周期性变化特征。

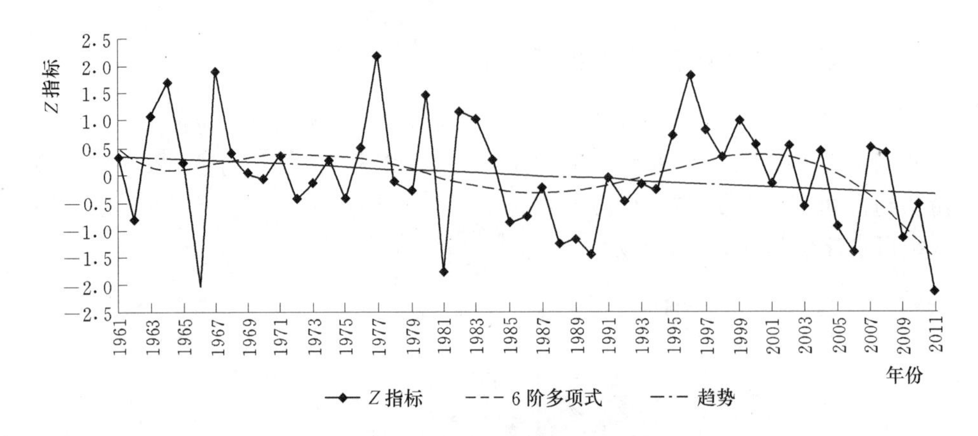

图2-19　乌江地区逐年Z指标变化图

根据乌江水系地区1961—2011年近51年来的Z指标（图2-19）。从线性趋势可以看出，研究区域的Z指标有较微弱的下降趋势，线性斜率为−0.0145。表明近年来，贵州喀斯特地区降水有偏少的趋势，干旱程度有加剧的趋势。由6阶多项式曲线可以看出，乌江地区的Z指标呈现周期性波动，并具有变小的趋势，同时也印证了乌江地区有降水偏少，干旱加剧的趋势，这与乌江地区实际情况相符，说明采用Z指标来分析乌江地区的干旱特征，是可行的。同时，乌江地区Z指标呈现降—升—降—升—降较为规律的变化，这一过程的变化为：在20世纪60年代、80年代和21世纪初为下降的趋势，70年代和90年代呈现上升的趋势，其中90年代上升趋势较为明显，2000年代逐渐达到最大值。21世纪下降趋势较为明显。总体而言，乌江水系地区的Z指标在51年间呈现出下降的趋势，特别是在最近10年，下降趋势较为明显，说明干旱形势有加剧的趋势。

乌江地区自1961—2011年，年降水量曲线图如图2-20所示。由图2-19和图2-20不难看出，乌江地区逐年Z指标与逐年降水量变化趋势基本相同，

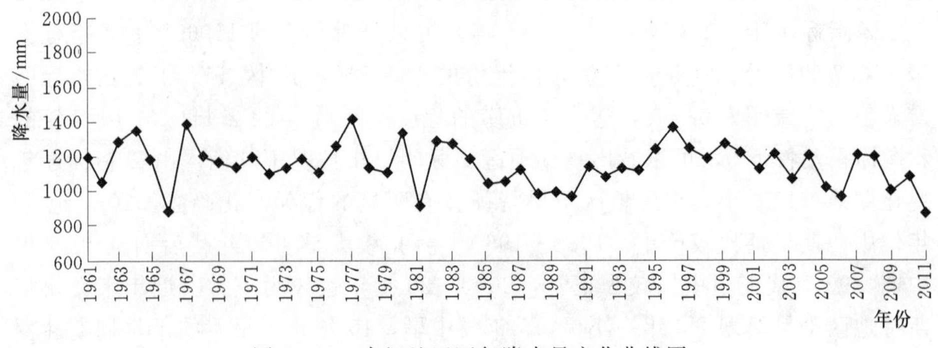

图2-20　乌江地区逐年降水量变化曲线图

当降水量达到极大（极小）值时，Z 指标也达到（极大）极小值。由此可以看出，Z 指标能够清楚地描述乌江地区降水量变化趋势。因此，本书介绍的采用 Z 指标判定该地区的旱涝程度是可行的。

2.4.2.2　乌江地区干旱的季节发生特征分析

由 2.4.2.1 小节分析可知，通过年总 Z 指标判断的旱涝特征正常的年份，有时候却出现了春旱、秋旱或春涝、秋涝，显然欲获取乌江水系地区各个季节的旱涝水平，需要对 1961—2011 年的近 51 年 Z 指标进行按季分析。

计算乌江地区 1961—2011 年 51 年春季（3—5 月）、夏季（6—8 月）、秋季（9—11 月）、冬季（12 月—次年 2 月）的 Z 指标，并绘制出四个季节 Z 指标变化柱状图，如图2－21所示。四个季节发生旱情年份的统计，如表 2－17 所示（年份按照旱情严重程度排序）。

表 2－17　　乌江地区四季节旱情统计

季节	重旱/年份	大旱/年份	偏旱/年份
春	1979、1991、2011	1986—1988、1993	2007、2010
夏	1966、1972	1975、1981、1990、2006、2011	1970、1989、1994
秋	2009	1985、1991—1993、1998、2003、2007	1966、1973、1986、1988、1999
冬	1973、1977、1978、2009	1986、1993	1987、1995

由图 2－21 四个季节 Z 指标变化柱状图可以看出，乌江地区在 1961—2011 年的 51 年中，降水年内分配不均匀，存在同一年份既有干旱季节的发生，也有降水过于丰沛的季节。

由表 2－17 可知，乌江地区在 1961—2011 年的 51 年中，春季有 3 年发生重旱，4 年发生大旱，2 年发生偏旱，春季发生较为严重旱情（重旱、大旱）概率约为 13.73%；夏季有 2 年发生重旱，5 年发生大旱，3 年发生偏旱，夏季发生较为严重旱情（重旱、大旱）概率也约为 13.73%；秋季有 1 年发生重旱，有 7 年发生大旱，有 5 年发生偏旱，秋季发生较为严重旱情（重旱、大旱）的概率约为 15.69；冬季有 4 年发生重旱，2 年发生大旱，秋季发生较为严重旱情（重旱、大旱）概率约为 11.76%。可以看出，乌江地区在春、夏、秋三个季节，干旱发生概率相对较大，这段时间正好是农作物以及自然植物的生育期。因此，在该时段发生干旱很容易成灾。

从图 2－21 乌江地区四个季节 Z 指标统计可知，1961—2011 年近 51 年中，有近 28 年在不同季节有较为严重旱情发生，发生率为 54.9%。与再利用年降水量的计算时只有 10 年（包括偏旱）发生或轻或重的干旱不符，其主要原因是降水量的年内分配不均匀造成的，因为有些季节虽然降水量过少，但其

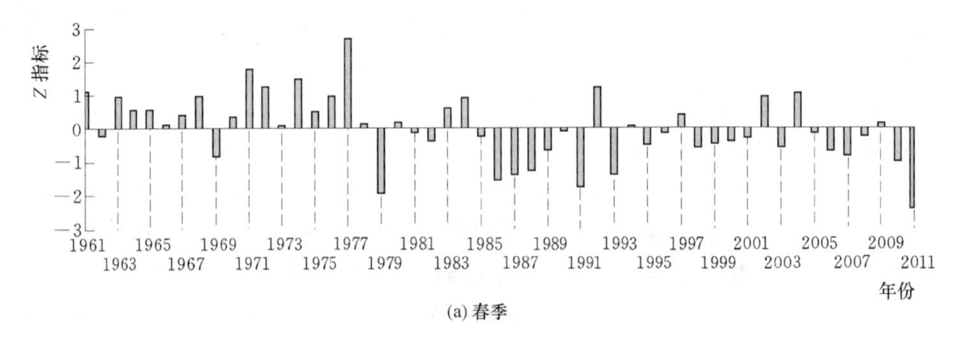

(a) 春季

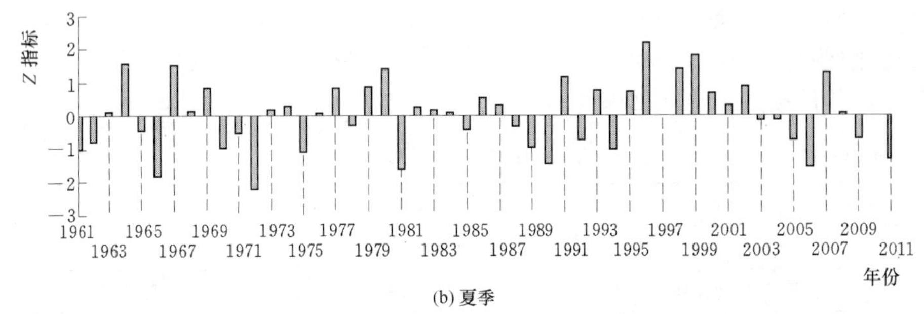

(b) 夏季

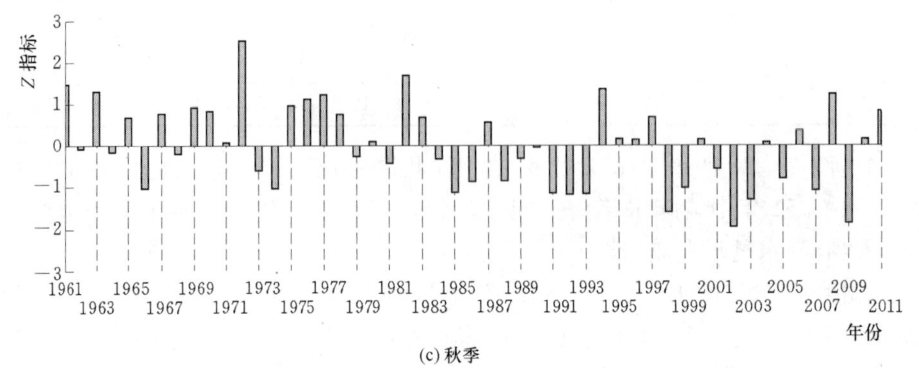

(c) 秋季

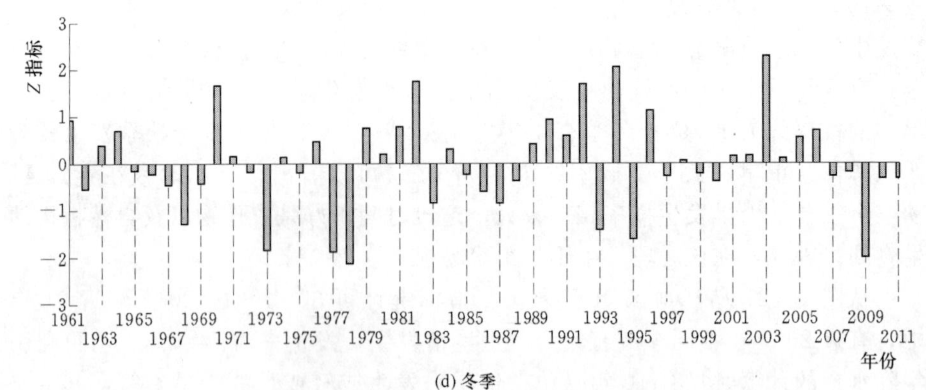

(d) 冬季

图 2-21　四个季节 Z 指标变化图

他季节的降水量偏多，使得年降水总量并不是很少。因此，有必要将季节干旱特征与年度干旱特征有机结合，综合考虑。按照年度 Z 指标对旱情进行分析：偏旱有 2 年，旱涝等级正常年份有 32 年，偏涝有 2 年，发生严重旱涝灾害的年份多达 36 年，占 70.59；按照季度 Z 指标对旱情分析：只有图 2-22 中 1962 年、1965 年、1969 年、1983 年、1984 年、1989 年、1995 年、1997 年、2000 年、2001 年、2005 年和 2010 年 12 个年份里四季均未发生严重的旱涝灾害，仅占总年数的 23.53%。其中有 1962 年、1965 年、1983 年、1995 年、1997 年、2000 年、2001 年和 2005 年 8 个年份，未现旱涝灾害现象，属于正常年份，占总年数的 15.69。由此可见，基于 Z 指标分析，贵州超过 80%的年份出现旱涝灾害现象，与实际情况相符。

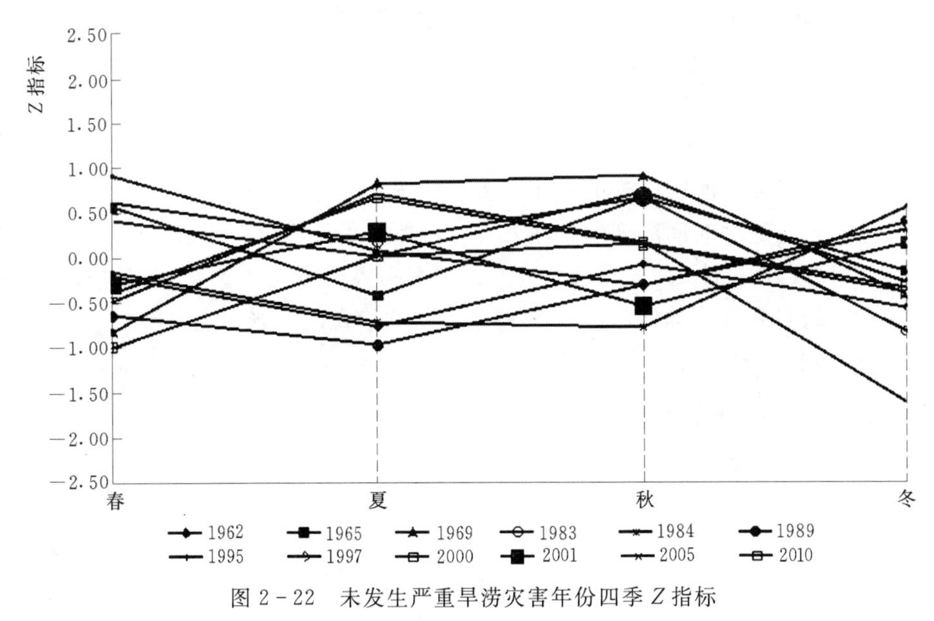

图 2-22 未发生严重旱涝灾害年份四季 Z 指标

2.4.3 干旱趋势突变分析

运用曼·肯德尔（Mann-Kendall）非参数检验法对乌江地区 1961—2011 年近 51 年间的年度 Z 指标做趋势及突变检验。其优点是不需要样本遵从一定的分布，也不受少数异常值的干扰，更适用于类型变量和顺序变量，计算也比较简便，可明确突变开始的时间，并指出突变区域。

对于具有 n 个样本量的时间序列 x，构造一秩序列：

$$s_k=\sum_{i=1}^{k}r_i,\quad k=2,3,\cdots,n\quad r_i=\begin{cases}+1, & x_i>x_j\\ 0, & x_i\leqslant x_j\end{cases},\quad j=1,2,\cdots,i \tag{2-25}$$

可见，秩序列 s_k 是第 i 时刻数值大于 j 时刻数值个数的累计数。在时间序列随机独立的假定下，定义统计量

$$UF_k=\frac{s_k-E(s_k)}{\sqrt{V_{ar}(s_k)}},\quad k=1,2,\cdots,n \tag{2-26}$$

其中：$UF_k=0$，$E(s_k)$、$V_{ar}(s_k)$ 是累计数 s_k 的均值和方差，在 x_1，x_2，…，x_n 相互独立，且有相同连续分布时，由下式计算：

$$E(s_k)=\frac{k(k-1)}{4},\quad V_{ar}(s_k)=\frac{k(k-1)(2k+5)}{72} \tag{2-27}$$

UF_k 为标准正态分布，它是按时间序列 x 顺序 x_1，x_2，…，x_n 计算出的统计量序列，给定显著性水平 α，查正态分布表，若 $|UF_k|>U_\alpha$，则表明序列存在明显的趋势变化。

按时间序列 x 逆序 x_n，x_{n-1}，…，x_1，再重复上述过程，同时使 $UB_k=-UF_k$，$k=(n,n-1,\cdots,1)$，$UB_1=0$。

计算步骤：

(1) 计算顺序时间序列的秩序列 s_k，并按方程计算 UF_k。

(2) 计算逆序时间序列的秩序列 s_k，也按方程计算出 UB_k。

(3) 给定显著性水平，如 $\alpha=0.05$，那么临界值 $U_{0.05}=\pm1.96$。将 UF_k 和 UB_k 两个统计量序列曲线和 ±1.96 两条直线均绘在同一张图上。

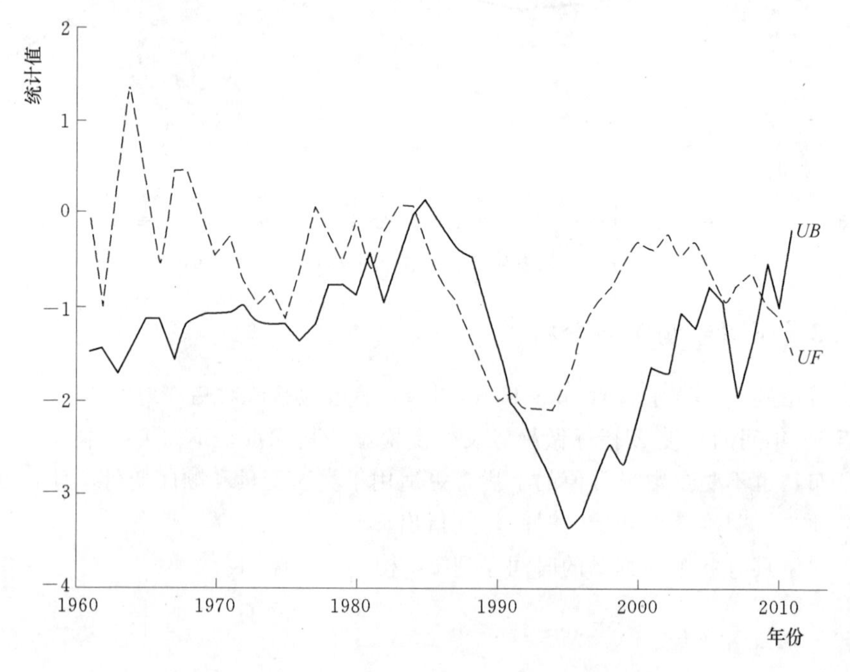

图 2-23　乌江流域 Z 指标的 M-K 检验图

若UF_k或UB_k的值大于0，则表明序列呈上升趋势，小于0则表明呈下降趋势。当它们超过临界直线时，表明上升或下降趋势显著。超过临界线的范围确定为出现突变的时间区域。如果UF_k和UB_k两条曲线出现交点，且交点在临界线之间，那么交点对应的时刻便是突变开始的时间。图2-23为乌江流域1961—2011年间的Z指标的M-K检验结果。

由图2-23检验结果图可以看出，乌江流域近51年来，突变年份较多，表明环境变化较为明显和剧烈。突变年份分别是从1984年、2006年、2008年开始。1984—1994年干旱趋势增强，其中1990—1994年达到显著性水平。1995—2002年向偏涝方向发展。2003—2006年，2008—2010年干旱趋势增强。

2.5 不同指标对比分析

2.5.1 Palmer指标与降水量关系

根据实验数据，计算出1961—2011年近51年来各个季度Palmer指标和降水量相关系数，以及年度Palmer指标与年总降水量相关系数，从而分析两者之间的关系，结果列于表2-18。由相关系数计算结果可知，年度Palmer指标与年总降水量相关系数为0.8519，两者高度线性相关，说明Palmer指标在分析干旱特征时以降水量为关键因素；其中，近51年来四个季节中夏季Palmer指标与降水量相关性最大，系数为0.8549，两者变化趋势归一化对比见图2-24。由图可以看出，夏季随着降水量的较少，Palmer指标降低，相反降水量增加，Palmer指标也随之升高；冬季Palmer指标与降水量相关性最小，仅为0.3314，为低度线性相关。主要原因是各年冬季降水量变化极其不稳定，两者归一化对比见图2-25。由图可以看出，冬季年际降水量波动比较大，尤其是在20世纪60年代中期、80年代初期和90年代后期以及2010年前后。冬季逐年降水量时多时少，其对应的Palmer指标与之相关较小。另一原因是由于Palmer指标对冬季潜在蒸散量的计算误差较大。但是在降水量比较稳定的时间段，如20世纪80年代和90年代，Palmer指标与降水量呈现较好的相关性。

表2-18 各季度Palmer指标与降水量相关系数

序号	时段	相关系数
1	春季	0.8086
2	夏季	0.8549
3	秋季	0.6622
4	冬季	0.3314
5	年	0.8519

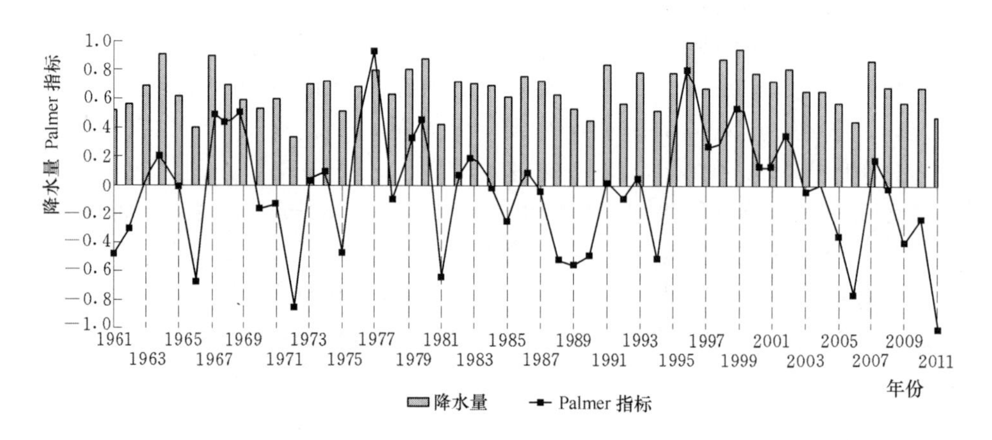

图 2-24　夏季降水量与 Palmer 指标

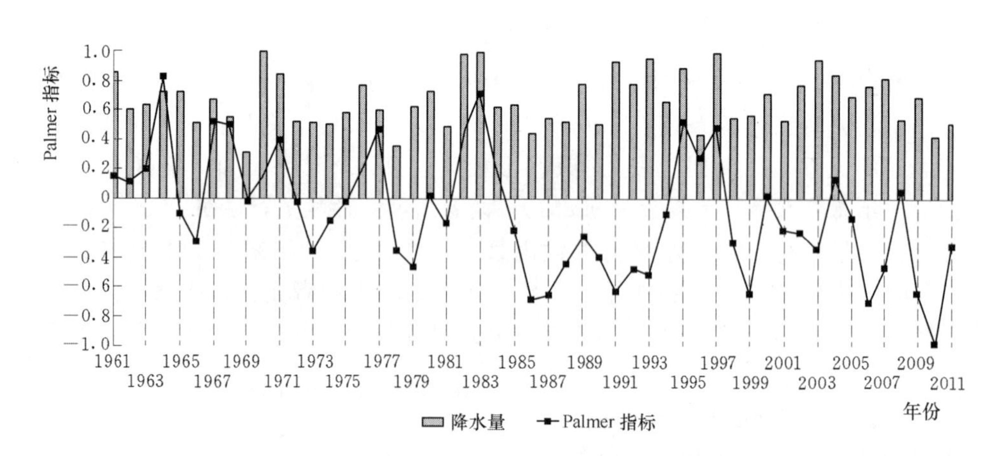

图 2-25　冬季降水量与 Palmer 指标

2.5.2　三种指标干旱特征分析应用效果对比

由表 2-19 中 Palmer 指标、降水距平百分率、Z 指标三种气象干旱指标分析结果对比可以看出，同一旱涝情况其相应（即敏感性）的快慢程度是不同的。利用降水距平百分率计算旱涝等级由于没有考虑到降水年内分配的不均匀，因此对旱涝情况的反应比较迟缓，且干旱等级偏低，在计算的 51 年间，仅有 12 年表现为轻度干旱，占总系列的 23.53%。而对旱情严重的 2009 年、2011 年则仅以轻旱的等级体现。

表 2-19　　三种指标分析结果对比

Palmer 指标	年次	降水距平百分率	年次	Z 指标	年次
大旱	2	特旱	—	—	
中旱	2	严旱	—	重旱	3
轻旱	11	中旱	—	大旱	5
始旱	9	轻旱	12	偏旱	2

应用 Z 指标的旱涝等级差别较小。由于分别考虑了降水分布和温度的影响，所以响应速度更快。对于 2009 年和 2011 年的旱涝等级二者都以大旱和重旱体现出来。但 Z 指标是假设某时段降水量服从 Person－Ⅲ型分布，并未考虑影响干旱的关键因素即是降水的年内分布不均。即同一年份既有干旱季节的发生，也有降水过于丰沛的情况。即使在年度 Z 指标正常的年份，却在不同季节均出现不同等级的干旱情况，有必要将季节干旱特征与年度干旱特征有机结合，综合考虑。

Palmer 指标与降水量相关性分析结果表明：在分析干旱特征时，Palmer 指标以降水量为关键因素，但由降水距平百分率与 Palmer 指标归一化对比图可知，Palmer 指标的变化滞后于降水量的变化，两者在某些时间段表现出一定不相关性。例如夏季对比图中，1967—1970 年 4 年中降水量逐步递减，但对应的 Palmer 指标在 1967—1968 年间递减，1968—1969 年却在递增，1969—1970 年又递减的波动性趋势；1986—1990 年 5 年中，降水量逐步下降，但 1989—1990 年 Palmer 指标却上升；1999—2001 年 3 年中，降水量持续减少，但 Palmer 指标在 2000—2001 年间基本保持不变。特殊的 1964 年和 2007 年降水量较前 1 年增加，但 Palmer 指标却偏小，因为喀斯特地貌土壤保水性能差，导致土壤湿润比较差，且当年夏季气温偏高，最大潜在蒸散量较大，因此 Palmer 指标较小。

Palmer 指标除了考虑降水因素外，还综合考虑了蒸散量、径流量和土壤含水量等因素，因此 Palmer 指标在描述干旱特征时积累了水分平衡过程，比降水距平百分率具有更高的持续性。干旱特征不但与降水量相关，也会受到气温、土壤的水分平衡过程以及前期的干湿情况等影响，因此，利用 Palmer 指标可以更准确地描述干旱的性质和强度。

也有学者指出，Palmer 指标不符合水文学中的水平衡理论，在用于水文、农业干旱方面还有待进一步研究。笔者认为不同指标分析结果的差异，主要是由于不同指标的计算方法不一，在计算时考虑的侧重点不同造成的。因此，在今后针对流域干旱特征分析时，应加强对水文、气象、农业干旱等多指标的耦合，探寻构建综合性的干旱指标。

2.6　干旱致灾因素分析

2.6.1　研究区概况

沅江水系属长江流域，源于贵州省中部，从贵州东部出省后经湖南、湖北汇入洞庭湖。干流全长1022km，流域面积89163km²，贵州省内面积30250km²。涉及黔南州的都匀、福泉、瓮安，黔东南州的麻江、丹寨、凯里、黄平、施秉、镇远、岑巩、雷山、台江、剑河、三穗、锦屏、黎平、天柱、榕江及铜仁地区的铜仁、玉屏、万山、江口、石阡、松桃等24个县（市、自治区）。该水系多年平均降水量约为1180mm，降水主要集中在6—8月份，占全年降水量的70%左右。年降水量的地区分布趋势是南部多于北部，东部多于西部。由于每年季风的不同变化，区域降水的变率较大，再加上贵州喀斯特地形地貌特征，水容易下渗，地表蓄水性能弱，容易造成地表干旱。同时，由于降水时空分布不均，造成该区域春旱较为严重，但夏至后，极易发生旱涝急转，对农业生产影响很大。因此，研究该区域的旱情致灾因素，寻找干旱发生规律，具有一定的现实意义。

2.6.2　旱情致灾影响因素选取

以沅江水系1962—2011年50年降水量统计数据为基础，并求出相应的降水距平百分率，根据降水距平百分率的旱涝等级划分标准，将年降水距平百分率不大于－15%作为旱年，同时把贵州沅江水系区域干旱年份挑选出来，建立研究典型区域的干旱年份表。

根据导致干旱的主要气象因素，选取年降水量、年平均气温、年最高气温、年日照时数、年平均风速、年平均相对湿度、年最小相对湿度和年平均气压等8个因素，以1962—2011年50年贵州黔东南的沅江水系年气象统计数据为依据，建立6个干旱年份气象数据表，见表2-20。

表2-20　贵州沅江水系区域干旱年份气象数据统计表

序号	年份	年降水量/mm	降水距平百分率	年平均气温/℃	年最高气温/℃	年日照时数/h	年平均风速/(m/s)	年平均相对湿度/%	年最小相对湿度/%	年平均气压/kPa
1	1969	1011.6	－0.192	14.68	34.7	999.2	2.14	83.75	17	94.91
2	1978	1049.6	－0.161	15.83	34.6	1102.6	1.58	81.58	15	95.01

续表

序号	年份	年降水量/mm	降水距平百分率	年平均气温/℃	年最高气温/℃	年日照时数/h	年平均风速/(m/s)	年平均相对湿度/%	年最小相对湿度/%	年平均气压/kPa
3	1979	1030.7	−0.176	16.10	36.2	1069	1.22	81.72	20	94.92
4	1986	1024.9	−0.181	15.62	34.9	1295.6	1.92	82.81	16	94.94
5	1992	1078.6	−0.178	15.58	34.9	1343.8	1.58	81.61	13	94.98
6	1998	1046.9	−0.163	16.6	35.4	1283.5	1.22	80.92	19	94.94
7	2004	1058.9	−0.154	16.23	36.4	968.1	1.01	80.71	21	94.95
8	2011	981.7	−0.216	15.8	35.7	1322.4	1.72	49	15	94.96

2.6.3 投影寻踪模型建模

2.6.3.1 单指标气象数据排序

从表2-20不难看出：1969—2011年，导致干旱年份的主要气象因素有年降水量、年平均气温、年最高气温、年日照时数、年平均风速、年平均相对湿度、年最小相对湿度和年平均气压等8个因素，对其进行排序并分别作出其数值折线图。从图2-26、图2-27可以看出：各干旱年份气象数据差异很大，很难得出干旱的主要影响因素，因此，要综合考虑各气象数据对旱情的影响程度，根据其特点本书选用投影寻踪模型进行综合评价。

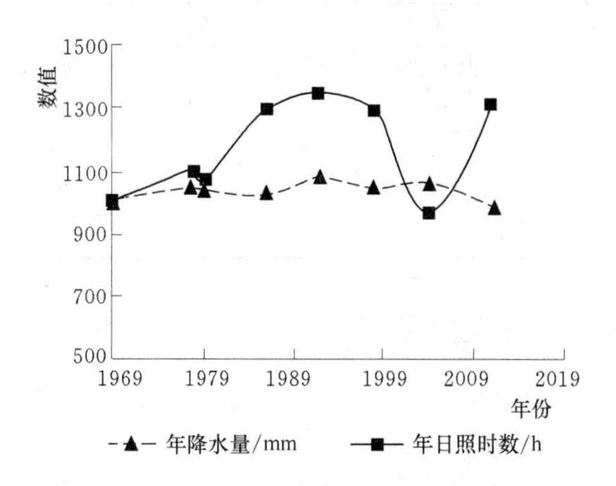

图2-26 气象数据折线图1

2.6.3.2 气象数据归一化

本书综合考虑了干旱年的气象数据，采用基于遗传算法的投影寻踪模型，将贵州沅江水系区域干旱年份气象数据统计对模型求解，将数据归一化，归一

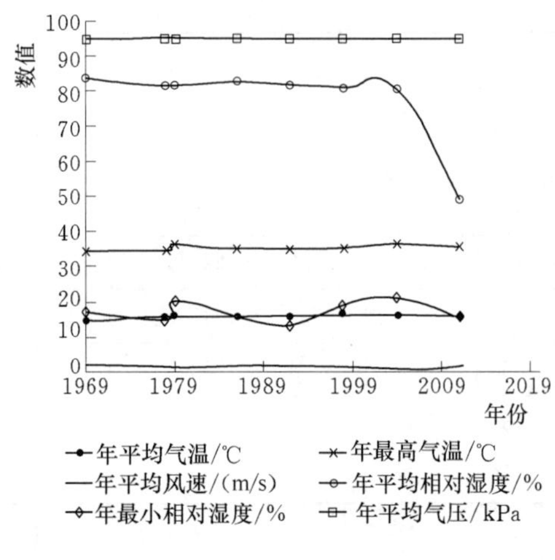

图2-27　气象数据折线图2

化后的数据见表2-21[7]。

表2-21　贵州沅江水系区域干旱年份气象数据归一化

序号	年份	年降水量/mm	年平均气温/℃	年最高气温/℃	年日照时数/h	年平均风速/(m/s)	年平均相对湿度/%	年最小相对湿度/%	年平均气压/kPa
1	1969	0.9379	0.8843	0.9533	0.7436	1.0000	1.0000	0.8095	0.9989
2	1978	0.9731	0.9536	0.9505	0.8205	0.7383	0.9741	0.7143	1.0000
3	1979	0.9556	0.9699	0.9945	0.7955	0.5701	0.9758	0.9524	0.9990
4	1986	0.9502	0.9410	0.9588	0.9641	0.8972	0.9888	0.7619	0.9993
5	1992	1.0000	0.9386	0.9588	1.0000	0.7383	0.9744	0.6190	0.9996
6	1998	0.9706	1.0000	0.9725	0.9551	0.5701	0.9662	0.9048	0.9992
7	2004	0.9817	0.9777	1.0000	0.7204	0.4720	0.9637	1.0000	0.9993
8	2011	0.9102	0.9518	0.9808	0.9841	0.8037	0.5851	0.7143	0.9995

2.6.4　最佳投影向量及投影值

选定父代初始种群规模为 $n=400$，交叉概率 $P_c=0.6$，变异概率 $P_m=0.001$，优秀个体数目选定为20个，取 $\alpha=0.001$，即 $R=0.001Sz$，加速次数为300，用Matlab加速遗传算法，计算得到最佳投影向量 $\boldsymbol{a}=$（0.8523　0.3819　0.7798　0.1430　0.0078　0.4727　0.4532　0.1705）。图2-28为每一代的最优个体的评价函数值[8]。

最佳投影方向各分量值代表了相应指标对总体评价目标贡献的大小和方向，各分量所代表的指标顺序依次为：年降水量、年平均气温、年最高气温、年日照时数、年平均风速、年平均相对湿度、年最小相对湿度和年平均气压。将 $\boldsymbol{a}$ 带入式（2－28）可得 8 个干旱年份的投影值 $Z(j)=$(2.0999　2.0638　2.0669　2.0995　0.9163　2.0654　1.7165　2.1051）图 2－29 为投影指标函数值散点图[9]。

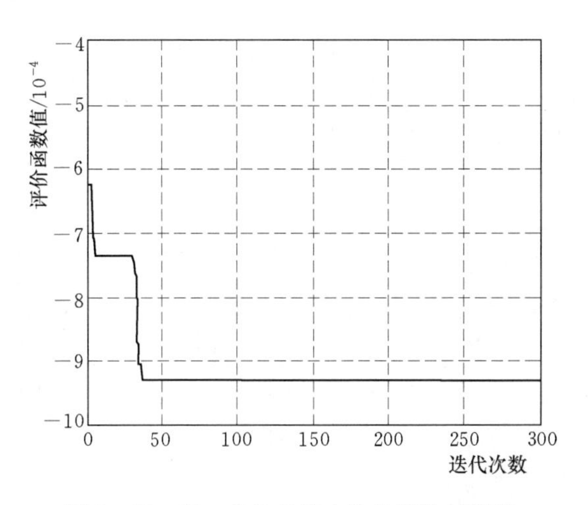

图 2－28　每一代的最优个体的评价函数图

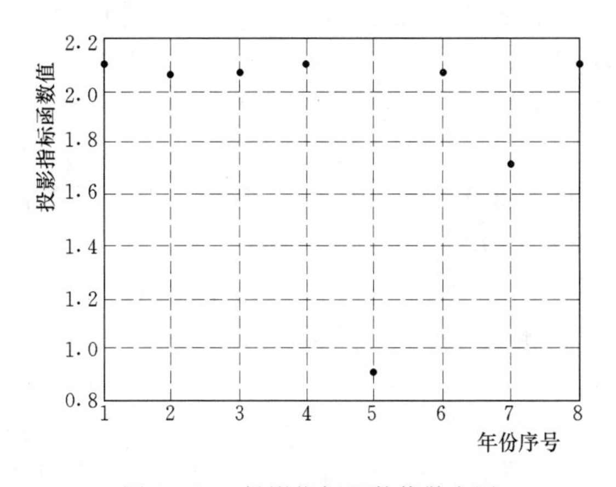

图 2－29　投影指标函数值散点图

2.6.5　结果分析

从最佳投影向量 $\boldsymbol{a}$ 值可以看出，各投影指标 $a(i)$ 全为正值，表明各评价指标投影方向相同。投影分量大小排序为：$a(1)>a(3)>a(6)>a(7)>a(2)>a(8)>a(4)>a(5)$ 。根据气象因素指标投影分量大小可得：年降水量、年最高气温、年平均相对湿度、年最小相对湿度、年平均气温、年平均气压、年日照时数、年平均风速影响干旱程度依次减弱。年降水量影响程度最大，年平均风速最小。年平均相对湿度、年最小相对湿度程度较为接近；年平均气压、年日照时数影响程度较为接近，年平均风速影响程度最小。

投影值越大表示旱情程度越严重，由 $Z(j)$ 可知，2011 年旱情最为严重，其后依次为 1969 年、1986 年、1979 年、1998 年、1978 年、2004 年和 1992 年。按照气象干旱 Palmer 指标等级划分，2011 年为特大干旱年，与 2011 年统计结果相符，验证了模型评估的准确性。

2.7　本章小结

本章以贵州喀斯特地区乌江流域、沅江流域、北盘江流域、红水河流域、赤水河綦江流域和柳江流域等 6 个区域从 1961—2011 年 51 年的降水量及温度等监测数据为依据，计算了各区域的 Palmer 指标、降水距平百分率和 Z 指标，分析了贵州喀斯特地区年度旱情特征以及各个季节旱情特征，并对分析结果进行了对比，结论如下：

（1）应用 Palmer 指标对乌江地区旱情特征分析可知，由于 Palmer 指标综合考虑了降水量以及蒸散量、径流量和土壤含水量等因素，乌江地区 1961—2011 年 51 年期间在春、夏、秋、冬四个季节发生旱情的 51 年份中，其中涉及到旱情的有 37 个年份，发生率为 72.54%。而按照季度 Palmer 旱情分析中，仅有 1962 年、1963 年、1965 年、1970 年、1974 年、1984 年、2000 年、2001 年、2004 年和 2008 年 10 个年份里四季均未发生严重旱灾，也未发生严重涝灾，仅占总年数的 19.6%。

（2）本章利用 Palmer 指标对旱情进行分析过程中，由于受各个月份或季度降水不平衡的影响，年总指标很难准确地反映各年份的综合干旱程度。采用 Palmer 指标分析年度旱情，由于综合了不同月份降雨的盈余与亏缺，弱化了旱情等级，甚至漏判干旱年。采用马尔可夫系统误差判断准则，基于年度的 Palmer 指标旱情等级分析，并综合计算上半年距平百分率总和与下半年距平百分率总和的差值以及各月 Palmer 指标的距平，通过比较设定阈值和差值来进行旱情判断。研究结果表明，综合 Palmer 指标和马尔可夫判据提取和诊断年度 Palmer 分析结果中，不信任的年份是一种快速和行之有效的方法。然后，对不信任的年份，进行上半年距平百分率总和与下半年距平百分率总和的差值与设定阈值进行比较，进一步分析其旱情特征。与仅采用 Palmer 指标分析结果比较，综合马尔可夫判据的 Palmer 指标所表征的旱情特征，更加能够准确地反映研究区域实际旱情发生情况，这种旱情分析方法结合误差控制，使 Palmer 干旱指标能更加完善和准确地描述旱情特征。

(3) 降水距平法在分析旱涝特征中运算简单，可较直观地反映出各时间段内降水量偏离于平均降水量的程度，但是由于该参数只考虑降水一个参量，对旱涝特征分析不够全面。同时，没有考虑到降水年内分配的不均匀，因此对旱涝情况的反应比较迟缓，且干旱等级偏低。

(4) 应用 Z 指标的旱涝等级由于分别考虑了降水分布和温度的影响，所以响应速度更快。对于 2009 年和 2011 年的旱涝等级二者都以大旱和重旱体现出来。但 Z 指标是假设某时段降水量服从 Person－Ⅲ型分布，并未抓住影响干旱的关键因素是降雨的年内分布不均。存在同一年份既有干旱季节的发生，也有降水过于丰沛的季节情况的发生，使得年降水总量并不是很少。年度 Z 指标正常的年份，却在不同季节均出现了不同等级的干旱情况。因此有必要将季节干旱特征与年度干旱特征有机结合，综合考虑。

(5) 本章以处于贵州黔东南的沅江水系为研究对象，取 1962—2011 年 50 年中，极端干旱年份气象数据作为建模数据，开展该区域的年度干旱特征和旱情评估研究。分别以年降水量、年平均气温、年最高气温、年日照时数、年平均风速、年平均相对湿度、年最小相对湿度和年平均气压 8 个主要气象因素，建立遗传投影寻踪模型，对研究区域旱情特征进行综合评价，评价结果表明：年降水量、年最高气温是导致研究区域干旱最显著的致灾影响因素，因此必须加强对该类气象因素的预警预报工作。

第3章 基于NNBR模型的蒙特卡洛旱情预测方法研究

目前，对于降水量预报主要有天气学、数值天气预报和统计预报方法，大量事实表明，这些方法富有成效。降水的发生机理是一个十分复杂的过程，降水的发生不但具有随机性和周期性，还具有复杂性，如：相似性、灰色性、混沌性、非线性等。因此如果仅仅依靠降水量的单一性进行模拟预报，那预报结果是不客观的和不准确的。近年来，随着数理统计学的快速发展，从统计学的观点去了解和分析历史，并从中发现其存在的内在规律，为预测未来发生事件提供有力的支持。文献运用蒙特卡洛方法预测未来20年的降水量。预测序列虽然很好地体现了研究地区降水量发生的随机性和统计规律性，但是却不能够准确反映出降水序列的时间性，使预报序列的排列具有多解性。文献使用最近邻抽样（NNBR）模型来预测未来的降水量，其假设为客观世界的发生、发展和演变存在一定的联系，未来的运动轨迹与历史具有相似性。NNBR应用特征序列来预测下一个降水量，使降水量的预测具有了时间性。20世纪50年代，陈志凯得出结论为皮尔逊-Ⅲ（P-Ⅲ）型和K-M型曲线适应性很强，只要调整参数适当，就能够与中国洪水资料相适应。为了统一标准，建议统一使用P-Ⅲ型。经过多年的验证，本章使用P-Ⅲ型曲线对降水量进行模拟，将蒙特卡洛法与NNBR模型相结合，利用回溯算法对预测降水量序列进行回溯检测，再与使用蒙特卡洛法进行对比，证实本章所使用的方法优于使用蒙特卡洛法预测的效果。

3.1 最近邻抽样回归（NNBR）模型

3.1.1 模型原理及算法

最近邻抽样回归模型是基于数据驱动、无需识别参数的非参数模型。该模型假设客观世界的发生、发展和演变存在一定的联系，未来的运动轨迹与历史具有相似性，利用历史数据的变化趋势对未来数据变化趋势进行预测。根据研究对象的不同，将NNBR模型分为单因子模型和多因子模型两种形式。

3.1.1.1 单因子 NNBR 模型

已知水文单变量因子时间序列 $\{X_t\}_n$，X_t 依赖于前面 P 个相邻历史值 X_{t-1}，X_{t-2}，…，X_{t-P}。定义 $\boldsymbol{D}_t=(X_{t-1}, X_{t-2}, \cdots, X_{t-P})$，称 $\boldsymbol{D}_t$ 为特征矢量，X_t 为 $\boldsymbol{D}_t$ 的后续（$t=P+1, P+2, \cdots, n$），已知当前特征矢量 $\boldsymbol{D}_i=(X_{i-1}, X_{i-2}, \cdots, X_{i-P})$，那么怎么预测 $\boldsymbol{D}_i$ 的后续值 X_i 呢？最近邻预测的基本思想是：在已知的特征矢量 $\boldsymbol{D}_t(t=P+1, P+2, \cdots, n)$ 中，总有 K 个特征矢量与当前的特征矢量 $\boldsymbol{D}_i$ 最近邻或最相似，从而在 $\boldsymbol{D}_t$ 中可以得到 K 个最近邻特征矢量，记为 $\boldsymbol{D}_{1(i)}$，$\boldsymbol{D}_{2(i)}$，…，$\boldsymbol{D}_{K(i)}$，其对应的后续值分别为 $X_{1(i)}$，$X_{2(i)}$，…，$X_{K(i)}$。K 个最近邻特征矢量 $\boldsymbol{D}_{1(i)}$，$\boldsymbol{D}_{2(i)}$，…，$\boldsymbol{D}_{K(i)}$ 与 $\boldsymbol{D}_i$ 的欧式距离记为 $r_{1(i)}$，$r_{2(i)}$，…，$r_{K(i)}$。$r_{j(i)}$ 越小，说明 $\boldsymbol{D}_{j(i)}$ 与 $\boldsymbol{D}_i$ 越近邻，则 $X_i=X_{j(i)}$ 的可能性 $W_{j(i)}$ 越大（$j=1, 2, \cdots, K$）。也就是说 $X_{j(i)}$ 对 X_i 的贡献越大。这里把 $W_{j(i)}$ 记为 $X_{j(i)}$ 的抽样权重，可见 $W_{j(i)}$ 与欧式距离 $r_{j(i)}$ 成负相关。

$$r_{t(i)}=\left[\sum_{j=1}^{P}(d_{ij}-d_{tj})^t\right]^{\frac{1}{2}} \tag{3-1}$$

式中：$r_{t(i)}$ 为 $\boldsymbol{D}_i$ 与 $\boldsymbol{D}_t$ 之间的欧式距离；d_{ij}，d_{tj} 分别为 $\boldsymbol{D}_i$，$\boldsymbol{D}_t$ 的第 j 个元素；P 为特征矢量的维数。

因此，单因子 NNBR 模型的基本形式为

$$X_i=\sum_{j=1}^{K}W_{j(i)}X_{j(i)} \tag{3-2}$$

式中：K 称为最近邻数；$\sum_{j=1}^{K}W_{j(i)}=1$；其余符号意义同前。

3.1.1.2 多因子 NNBR 模型

设有水文时间序列 X_t，它是有众多因子影响的，一般考虑其中 P 个主要的影响因子，记为 $Z_{1,t}$，$Z_{2,t}$，…，$Z_{P,t}$（$t=1, 2, \cdots, n$；n 为资料的长度）。由历史数据构造特征矢量 $\boldsymbol{D}_t=(Z_{1,t}, Z_{2,t}, \cdots, Z_{P,t})$，则 X_t 与 $\boldsymbol{D}_t$ 一一对应，可以写成 $\boldsymbol{D}_t=(Z_{1,t}, Z_{2,t}, \cdots, Z_{P,t})\Rightarrow X_t$。已知当前矢量 $\boldsymbol{D}_i=(Z_{1,i}, Z_{2,i}, \cdots, Z_{P,i})$，预测 X_i 的基本思路与单因子 NNBR 模型相同，即在 n 个现有特征矢量 $\boldsymbol{D}_t(t=1, 2, \cdots, n)$ 中寻找与 $\boldsymbol{D}_i$ 最近邻的 K 个特征矢量。多因子 NNBR 模型基本形式同式（3-2）。

单因子和多因子模型的基本原理反映了客观世界的发生、发展和演变存在一定的联系，未来的运动轨迹与历史具有相似性。即未来的发展模式 $\boldsymbol{D}_i=(Z_{1,i}, Z_{2,i}, \cdots, Z_{P,i})\Rightarrow X_i$ 可从已知模式 $\boldsymbol{D}_t=(Z_{1,t}, Z_{2,t}, \cdots, Z_{P,t})\Rightarrow X_t$；$t=1, 2, \cdots, n$ 中去寻找。可以看出，NNBR 模型的关键在于确定最近邻数 K，特征矢量维数 P 和抽样权重 $W_{j(i)}$。

3.1.2　K、P 和 $W_{j(i)}$ 的确定

3.1.2.1　K 和 P 的确定

最近邻 K 不是越大越好，也不是越小越好。当 K 较大时，虽然不太相似的某个历史特征矢量与当前特征矢量 $\boldsymbol{D}_i(t=1, 2, \cdots, n)$ 的权重较小，但由于 K 较大，不相似的项就多，导致不相似的权重较大；当 K 个特征序列的后续值有奇异点时，奇异点的值与小权重的值的乘积也很大，从而影响 X_i 的最后值，降低NNBR模型对未来数据的预测效果。当 K 较小时，X_i 的值将会过度依赖于历史相似的值，但未来和历史不可能完全重合，所以 K 较小时也会降低NNBR模型对未来数据的预测效果。一般 K 在 $\sqrt{n}$ 的某一个区间进行优选。例如，$n=50$，$K\in[6, 8]$。P 的确定分两种情况：当研究的是单因子时间序列时，P 由时间序列自相关图和偏相关图确定；当研究的是多因子序列时，P 的值常使用逐步回归的方法确定。

3.1.2.2　$W_{j(i)}$ 的确定

$W_{j(i)}$ 的选择具有多样性，一般要求 $\sum_{j=1}^{K} W_{j(i)}=1$，选择的原则是距离与抽样权重成负相关，距离越小，权重越大；权重函数要求简便使用。本书使用的权重函数为

$$W_{j(i)}=\frac{\dfrac{1}{r_{j(i)}}}{\sum_{j=1}^{K}\dfrac{1}{r_{j(i)}}} \tag{3-3}$$

3.2　蒙特卡洛算法

3.2.1　概述

蒙特卡洛算法又称统计模拟实验法或随机模拟法。20世纪40年代，John Von Neumann、Stanislaw Ulam和Nicholas Metropolis在洛斯阿拉莫斯国家实验室为核武器计划工作时，发明了这种方法。近年来，计算机技术的飞速发展，促进了蒙特卡洛法的应用。蒙特卡洛法与一般数值计算方法差异较大，它的基础是概率统计理论。由于蒙特卡洛法能够比较逼真地描述事物的特点及物理实验过程，解决一些数值方法难以解决的问题，因而该方法的应用领域日趋广泛。

3.2.2　基本分类

通常蒙特卡洛方法可以分成两类：

(1) 求解问题本身就具有概率和统计性，例如中子在介质中的传播、核衰变过程等。按照实际问题所遵循的概率统计规律，用电子计算机进行直接的抽样试验，然后计算其统计参数。

(2) 在数据处理中，存在许多不具备随机性质的参数，需要明确其确定性问题，关键是在数据处理前，寻求一个人造的随机概率过程。将不具备随机概率性质的参数转化为明确的随机性质参数。

3.2.3 一般步骤

(1) 用蒙特卡洛方法模拟某一过程，产生各种概率分布的随机变量。

(2) 用统计方法把模型的数字特征估计出来，从而得到实际问题的数值解。

3.3 分布函数的选择

地区降水和干旱情况受大气环流、洋流和海表温度等众多因素影响，各影响因素的作用过程极其复杂，且每项影响因子都不起绝对的支配作用，所以降水表现为时间上的随机过程。选择分布函数应遵循以下两个原则：①密度函数的形状应基本符合水文现象的物理性质，曲线一端或两端应有限，不应出现负值；②概率密度函数的数学性质简单，计算方便，同时应有一定的弹性，以便于有广泛的适应性，但又不宜包含过多的参数。20 世纪 70 年代。美国水资源委员会研究了各种分布函数对美国河流的适应性，他们的结论是：不同线型和不同拟合方法之间并没有明显差异，他们建议采用对数 P－Ⅲ型分布函数。

若有随机变量 x 服从 P－Ⅲ型分布函数，其概率表达见式（3－4）：

$$p=p(x\geqslant x_p)=\frac{\beta^{\alpha}}{\Gamma(\alpha)}\int_{x_p}^{\infty}(x-\alpha_0)^{\alpha-1}\mathrm{e}^{-\beta(x-\alpha_0)}\mathrm{d}x \tag{3-4}$$

其中，$\alpha=\frac{4}{C_s^2}$，　$\beta=\frac{2}{\bar{x}C_vC_s}$，　$\alpha_0=\bar{x}\left(1-\frac{2C_v}{C_s}\right)$。

显然，如果 C_s，C_v，$\bar{x}$ 确定下来，各个参数就可以确定，函数随之也可以确定。经过修正的各参数表达式为

$$\bar{x}=\frac{1}{n}\sum\nolimits_{i=1}^{n}x_i，\ \sigma=\sqrt{\frac{\sum(x_i-\bar{x})^2}{n-1}}，\ C_v=\sqrt{\frac{\sum(K_i-1)^2}{n-1}}，\ C_s\approx\frac{\sum(K_i-1)^3}{(n-3)C_v}$$

其中：$K_i=\frac{x_i}{\bar{x}}$。

对式（3－4）进行变量替换，令 $t=\beta(x-\alpha_0)$，代入式（3－5）可得：

$$P=\frac{1}{\Gamma(\alpha)}\int_{t_p}^{\infty}t^{\alpha-1}\mathrm{e}^{-t}\mathrm{d}t \tag{3-5}$$

在式（3-5）中，当P值已知时，t_p仅依赖α或C_s。将x用t表示可得

$$x_p=\frac{t_p}{\beta}+\alpha_0=\frac{\bar{x}C_vC_s}{2}t_p+\bar{x}-\frac{2\bar{x}C_v}{C_s} \tag{3-6}$$

令$\Phi=\frac{x-\bar{x}}{\bar{x}C_v}$，有

$$\Phi_p=\frac{x_p-\bar{x}}{\bar{x}C_v}=\frac{C_s}{2}t_p-\frac{2}{C_s} \tag{3-7}$$

由于t_p是x_p的代换，同样服从标准的Γ分布。利用matlab函数$x=ga\min v(P, A, B)$可得

$$\Phi_p=\frac{C_s}{2}ga\min v\left(1-P, \frac{4}{C_s^2}, 1\right)-\frac{2}{C_s} \tag{3-8}$$

其中$A=\frac{4}{C_s^2}$，$B=1$。由$x_p=\bar{x}(C_v+1)$，即可算出不同的P值对应的x_p。

3.4　基于NNBR模型的蒙特卡洛算法分析方案

3.4.1　预测值的选择

为了保持预报序列和原始序列具有概率的相同特性，需要满足两个原则：

（1）预测值生成时遵循了历史数据的分布概率规律；

（2）整个预报序列年降水量的平均值与过去资料的年降水量平均值近似相等。

对于原则（1），本书使用P-Ⅲ型曲线来描述历史数据的分布概率规律，所以预测值需要满足P-Ⅲ型分布函数。对于原则（2），将次年预报值加入原样本序列，进行均值计算，若获得的均值落入以往年均值的取值范围，则选择该预报值；否则，重新生成预报值。假设前$m(m\in[1, 2, \cdots, n])$年可以代表历史均值$\bar{x}_0$，则前$m+l(l\in[0, 1, \cdots, n-l])$年也能够代表一个历史均值$\bar{x}_l$，$l\in[0, 1, \cdots, n-l]$，年均值的取值范围为$[\bar{x}_{\min}, \bar{x}_{\max}]$。当$m$较小时，前$m$年可能就不能够代表历史数据的均值；当$m$较大时，如果$m$到$n$年的数据较为平滑，则年均值的范围$[\bar{x}_{\min}, \bar{x}_{\max}]$比较窄，这样会导致预报值的取值范围较小，从而影响预测的结果。如何选择m，需要根据历史数据的具体情况而定，要求既能满足前m年能够代表历史均值，又能满足$[\bar{x}_{\min}, \bar{x}_{\max}]$范围合适。在连续的45年训练数据中，分别计算了前$m$（$m\in[1, 2, \cdots, n]$）年的均值，如图3-1所示。

根据图3-1可以知道，当$m=25$时，能够很好地代表第一个历史降水量年均值，最小最大降水量年平均值区间为［1.1491，1.1801］。

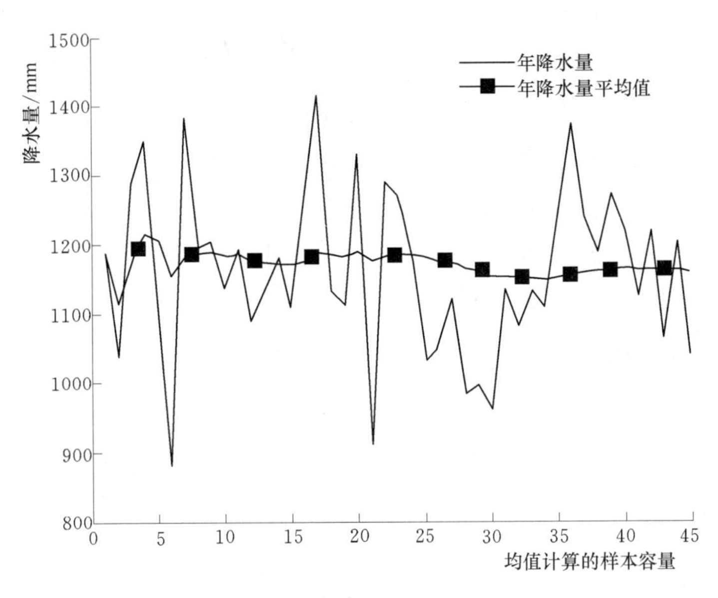

图 3-1 年降水量和年降水量平均值变化图

3.4.2 C_s 和 C_v 的选择与确定

3.4.2.1 优化参数方法选择

确定P-Ⅲ型曲线，关键在于确定其参数，现在参数估计方法主要有矩估计法、三点法、权函数法、目估适线法等等。矩估计法、三点法估计的 C_s 与最后匹配线的成果出入很大，而权函数估计的 C_s 精度较高，但权函数本身不能够估计 $\overline{X}$ 、C_v ，需要配合其他方法（如矩估计法、三点法）使用，且 C_s 的精度受 $\overline{X}$ 、C_v 估计精度的影响。目估适线法没有一个明确定量的拟合优化标准，适线过程当中带有盲目性和不确定性，结果因人而异，往往达不到优选的目的。优化适线法是在一定的适线准则（即目标函数）下，估计与经验点据拟合最优的频率曲线参数的方法。适线法采用的准则有3种：离差平方和最小准则（OLS）、离差绝对值和最小准则（ABS）、相对离差平方和最小准则（WLS）。其中，以离差平方和准则的优化适线法估计所得的参数和目估适线法的结果比较接近。因此本书也使用离差平方和准则的优化适线法来估计 C_v 和 C_s 两个参数。

3.4.2.2 离差平方和准则的优化适线法

离差平方和准则的优化适线法就是使经验点据和同频率曲线纵坐标之差的平方和达到最小。对于P-Ⅲ型曲线，就是使下列目标函数取最小：

$$S(Q)=\sum_{i=1}^{n}[x_i-f(P_i,\ Q)]^2 \tag{3-9}$$

即
$$S(Q')=\min S(Q) \tag{3-10}$$

上二式中：Q 为参数 $(\bar{x},\ C_v,\ C_s)$；Q' 为参数 Q 的估计值；P_i 为频率；n 为系列长度；$f(P_i,\ Q)$ 为频率曲线纵坐标。

由于样本通过矩估计的均值误差很小，一般不再使用优化适线法估计。通常只用优化适线法估计 C_v 和 C_s 两个参数值。

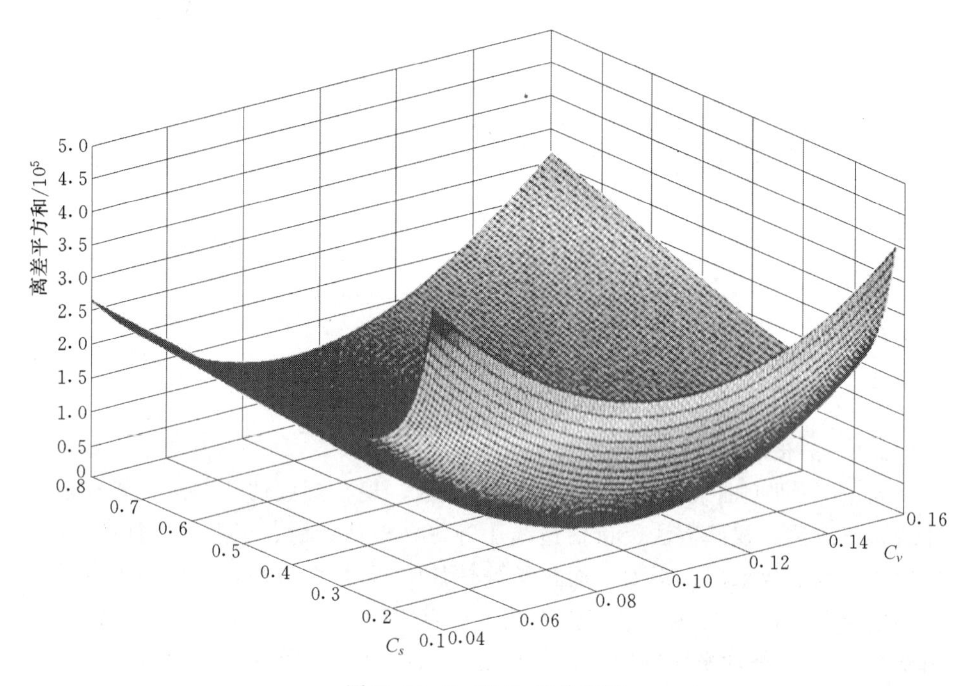

图 3－2　C_v 和 C_s 的关系图

同均值时，从图 3－2 离差系数 C_v 和偏态系数 C_s 的关系图可以看出，当离差平方和最小时，可以确定 $C_v=0.1040$，$C_s=0.7696$，误差 E_{min} 为 8.8611。

选择不同的 C_v 和 C_s，得到不同的 P－Ⅲ型曲线累积概率图。其中当 $C_v=0.1040$，$C_s=0.7696$ 时得到的经验累积概率和 P－Ⅲ曲线累积概率图非常接近，说明此时 C_v 和 C_s 确定的 P－Ⅲ型曲线能够模拟样本的分布情况，见图 3－3。

3.4.3　分析步骤

(1) 将原始样本 50 年的降水量数据分成前 45 年和后 5 年两个样本，分别

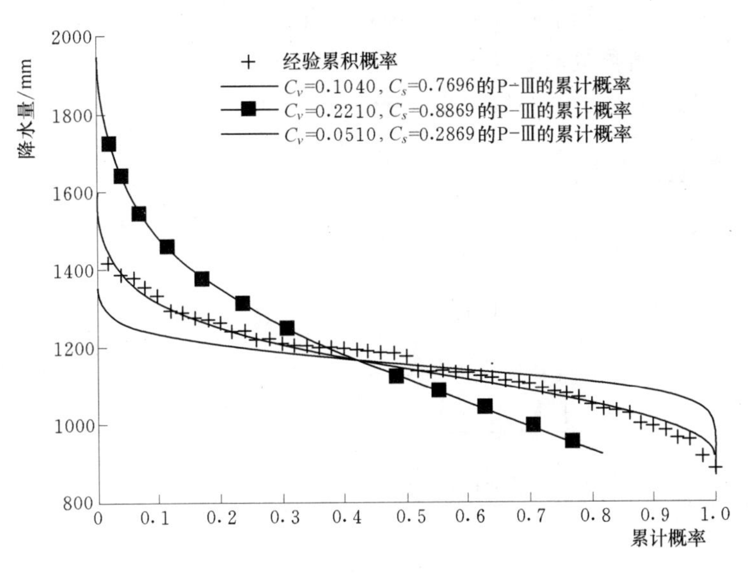

图 3-3 P-Ⅲ的累计概率

为训练数据和测试数据，前者用来构建模型，后者用来做误差校验。

(2) 计算不同样本容量下降水量的平均值，找出最大值 $\bar{x}_{\max}$ 和最小值 $\bar{x}_{\min}$。

(3) 计算经验频率，用优化适线法确定 P-Ⅲ分布函数。

(4) 计算 P-Ⅲ预测值。具体步骤如下。

1) 随机生成概率 p_i，且 $p_i \in [0, 1)$，将 p_i 代入 P-Ⅲ分布函数，获得降水量的预测值 x_{p_i}。

2) 计算 $\bar{x}' = \dfrac{1}{n+1}(\bar{x} + x_{p_i})$。

3) 若 $\bar{x}' \in [\bar{x}_{\min}, \bar{x}_{\max}]$ 则选择 x_{p_i}； 否则重复 1) 和 2)。

(5) 用 NNBR 算法校验 P-Ⅲ产生的预测值。具体步骤如下。

1) 特征矢量 $\boldsymbol{D}_i$ 的长度为 P，预测序列长度为 $P+1$，选择样本后 P 个值赋给特征矢量 $\boldsymbol{D}_i$ 。

2) 在样本已有特征矢量中，通过计算欧式距离寻找与特征矢量 $\boldsymbol{D}_i$ 最近的 K 个矢量。

3) 取得每个特征矢量的下一个值 $x_{j(i)}$ ，计算获得权值 $W_{j(i)}$ 。

4) 计算 $X_i = \sum_{j=1}^{k} W_{j(i)} x_{j(i)}$ 。

5) 若 $|x_{p_i} - x_i| / x_i \leqslant 1\%$， 则取 x_{p_i} 为预测值，且把 x_{p_i} 加入到样本。重复 (4) ～ (5)，获得下一个预测值。

6）若 $|x_{p_i}-x_i|/x_i>1\%$，则重复（4）～（5），直到寻找到 x_{p_i}，使误差小于 1%；若重复次数（times [i]）大于 100 次则采用回溯法，重复（4）～（5）重新预测 x_{pi-1}，最终获得 $P+1$ 个预测值。

3.4.4　算法流程图

基于 NNBR 模型的蒙特卡洛算法流程图见图 3－4。

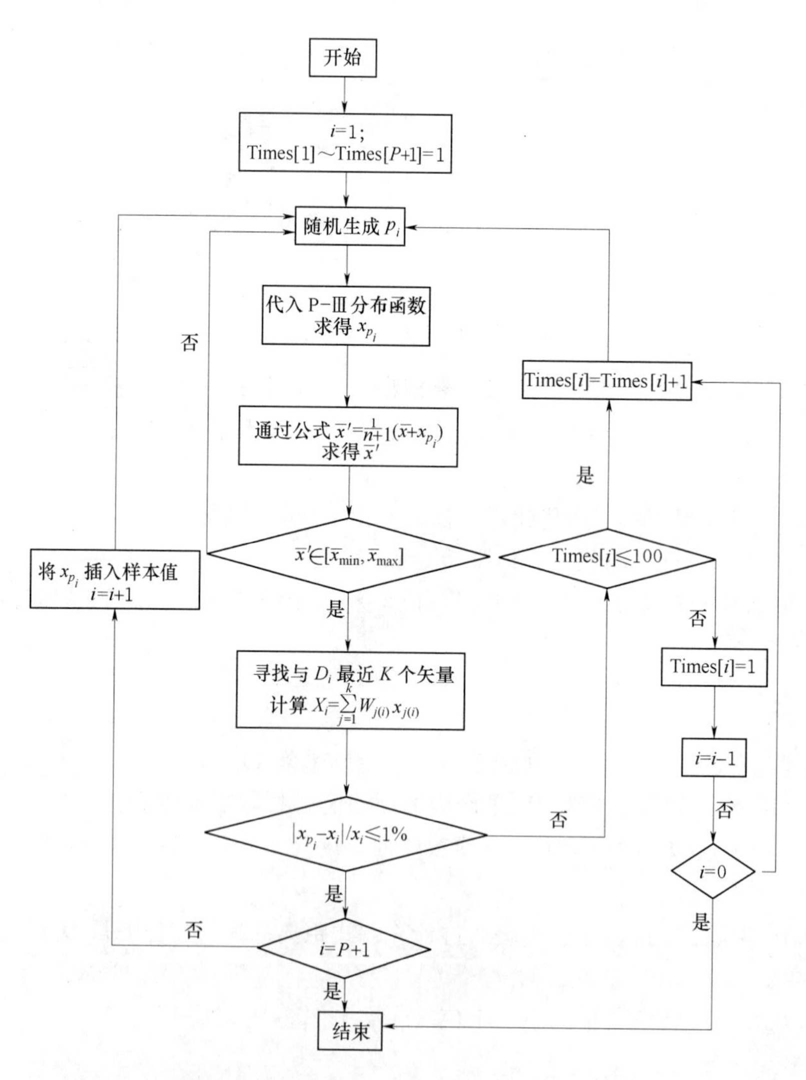

图 3－4　基于 NNBR 模型的蒙特卡洛算法流程图

3.5 实验结果验证和预测

3.5.1 算法验证

在算法验证的实验中，历史数据为50年，将其分为训练数据（前45年）和测试数据（后5年）。将训练数据分别使用蒙特卡洛方法和基于NNBR模型的蒙特卡洛方法对未来5年进行预测，得到一个长度为5的预测序列，然后与测试数据（真实数据）对应计算相对误差，最后计算整个序列与测试数据序列的总相对误差平方和。为了能够更好地比较两种方法的结果，将在实验中循环运行8次所得的结果填入表3-1。其中测试数据在每次循环运行时相同，其降水量序列值为：961.8mm，1209.2mm，1197.4mm，991.5mm，1077.8mm。

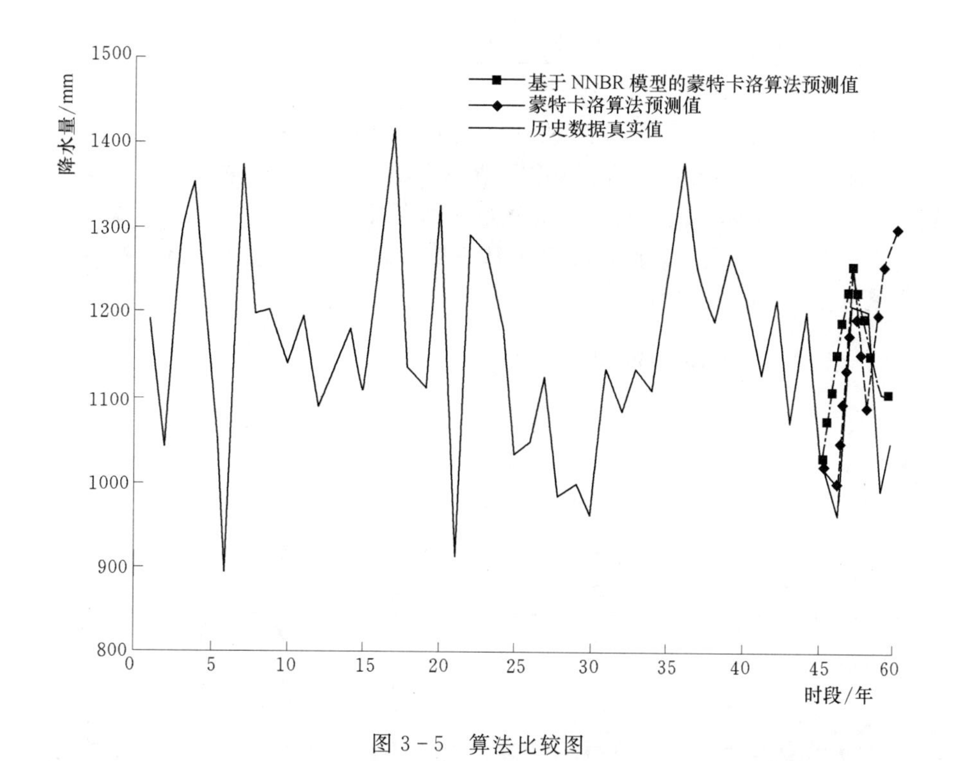

图3-5 算法比较图

从图3-5可知：基于NNBR蒙特卡洛算法的预测值序列、蒙特卡洛算法的预测值序列和真实值序列之间的比较可知，基于NNBR的蒙特卡洛算法比蒙特卡洛算法的效果更好。

表 3-1　　蒙特卡洛和 NNBR＋蒙特卡洛算法的预测结果比较

算法	预测序列	第 1 次	第 2 次	第 3 次	第 4 次	第 5 次	第 6 次	第 7 次	第 8 次
基于 NNBR 模型的蒙特卡洛算法	$\times 10^3$	1.1635	1.1705	1.1716	1.1699	1.1688	1.1766	1.1623	1.1784
		1.2319	1.2461	1.2476	1.2421	1.2533	1.2541	1.2422	1.2329
		1.1608	1.1874	1.1792	1.1860	1.1744	1.1856	1.1936	1.1523
		1.1719	1.1445	1.1379	1.1408	1.1344	1.1500	1.1616	1.1590
		1.1550	1.1753	1.1460	1.1567	1.1660	1.1312	1.1461	1.1288
	S^{2*}	0.0835	0.0801	0.0746	0.0757	0.0755	0.0794	0.0777	0.0833
蒙特卡洛算法	$\times 10^3$	1.1069	1.1424	1.2051	1.0354	1.1768	1.1785	0.9976	1.2220
		1.1799	1.0815	1.0844	1.1209	1.1561	1.0676	1.2315	0.9700
		1.4522	0.997	1.2388	1.0245	1.2159	1.1646	0.9631	1.1765
		1.4217	1.0272	1.1582	1.3668	1.1645	1.1271	1.0038	1.0266
		1.3780	1.2236	1.1609	1.1117	1.0336	1.2200	1.2728	1.1790
	S^{2*}	0.3344	0.0939	0.1101	0.1763	0.0843	0.1013	0.0729	0.1226

*　S^2 表示预测序列相对于真实序列的相对误差平方和。

从表 3-1 可以看出，基于 NNBR 模型的蒙特卡洛方法比蒙特卡洛方法好。为了能够更好地说明上面的 8 次循环不是偶然的，又重复运行 1000 次，其中基于 NNBR 模型的蒙特卡洛算法优于蒙特卡洛算法次数为 715 次，劣与蒙特卡洛算法 285 次。由此可以看出基于 NNBR 模型的蒙特卡洛算法好于蒙特卡洛算法。

3.5.2　未来降水量的预测

以 50 年的历史数据对未来 5 年的降水量进行预测，分别使用蒙特卡洛算法和基于 NNBR 模型的蒙特卡洛算法得到不同的预测序列数据（如表 3-2 所示）和与历史数据的比较图（如图 3-6 所示）。

表 3-2　　蒙特卡洛算法和基于 NNBR 模型的蒙特卡洛算法对未来 5 年降水量的预测值

算　法	预测序列	第 51 年	第 52 年	第 53 年	第 54 年	第 55 年
基于 NNBR 的蒙特卡洛算法	$\times 10^3$	1.0831	1.1204	1.0657	1.1483	1.1912
蒙特卡洛算法	$\times 10^3$	1.2705	1.2013	1.0544	1.1312	1.1683

3.5.3　未来旱情等级特征分析

根据预测未来 5 年降水量，采用 Z 指标对未来研究区域旱情等级特征进

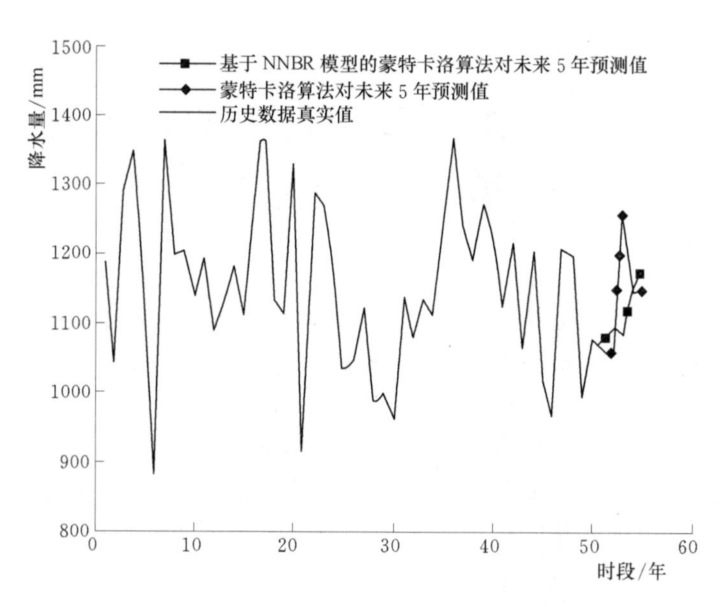

图3-6 蒙特卡洛算法和基于NNBR模型的蒙特卡洛算法对未来5年降水量的预测值与历史值的比较

行分析。分析结果表明：2011年达到重旱等级，而2013年干旱等级为偏旱，2012年、2014年、2015年旱涝等级正常。事实上，2011年和2013年贵州均发生严重干旱，表明预测结果与实际有一定的偏差，这主要是由于在预测研究区域的旱情特征时，除考虑降水量这一主要因素外，还应综合考虑其他因素，采用多种方法综合比较。

3.6 本章小结

本章内容在分析了蒙特卡洛算法及其分布函数的基础上，使用P-Ⅲ型分布函数对降水量进行模拟，将蒙特卡洛算法与NNBR模型相结合，提出了基于NNBR蒙特卡洛算法相结合的降水量预报模型。该模型既体现了研究区降水量发生的随机性和统计的规律性，又能够反映出降水序列的时间性，具有较好的应用效果。同时，利用回溯算法对预测降水量序列进行回溯检测，得出的预测效果优于使用蒙特卡洛方法预测的效果。在以乌江水系51年数据对预报模型结果进行验证的基础上，对未来5年的降水量开展了预测，并进行了未来旱情等级特征分析。

第 4 章　基于马尔可夫的降水量预测方法研究

第 3 章中提出的基于 NNBR 模型的蒙特卡洛方法在降水量的预测上取得了较好的预测效果。在本章中我们将继续研究马尔可夫模型在降水量预测中的应用。具体内容如下：

（1）详细分析马尔可夫模型的概念、种类和基本原理。

（2）结合乌江流域 1961—2010 年 50 年的降水量，研究马尔可夫各种方法在降水量预测中的性能，选取合适的权值及其他参数，实现降水量的有效预测。

（3）在原有马尔可夫模型的预测方法基础上，本章提出了这样一种方法，即通过加权马尔可夫链的预测方法，得到年降水量的预测值和相邻年降水量差值的预测值，并通过一定的权值将它们相加，实验证明这种方法达到了很好的预测效果，进一步提高了预测精度。

（4）通过几种马尔可夫链的预测模型对未来 5 年的降水量进行预测。

4.1　马尔可夫预测法的基本原理

4.1.1　马尔可夫过程概述

马尔可夫（A. A Markov）预测法是应用概率论中马尔可夫链的理论和方法来研究随机事件变化并借此分析预测未来变化趋势的一种方法。20 世纪初，俄国数学家马尔可夫在研究中发现自然界中有一类事物的变化过程仅与事物的近期状况有关，而与事物的过去状态无关。

4.1.2　马尔可夫过程种类

按照状态空间 I 和时间参数集 T 是连续还是离散可将马尔可夫过程分成四类，见表4－1。

4.1.3　马尔可夫过程

设 $X(t)$，$t \in T$ 为随机过程，若在 t_0，t_1，t_2，…，t_{n-1}，t_n($t_0 < t_1 < t_2 < \cdots$

$< t_{n-1} < t_n \in T$) 时刻对 $X(t)$ 观测得到相应的观测值 x_0，x_1，x_2，…，x_{n-1}，x_n 满足条件

$$
\begin{aligned}
&P\{X(t_n) \leqslant x_n \mid X(t_{n-1}) \leqslant x_{n-1},\ X(t_{n-2}) \leqslant x_{n-2},\ \cdots,\\
&X(t_1) \leqslant x_1,\ X(t_0) \leqslant x_0)\}\\
&=P\{X(t_n) \leqslant x_n \mid X(t_{n-1}) \leqslant x_{n-1}\}
\end{aligned}
$$

则称此类过程为具有马尔可夫性质的过程或马尔可夫过程，简称马氏过程。

表 4-1　　马尔可夫分类表

状态空间 I	T	
	离散	连续
离散（t=0，1，2，……）	马尔可夫链	马尔可夫序列
连续（t≥0）	可列马尔可夫过程	马尔可夫过程

若把 t_{n-1} 时刻看成“现在”，因为 $t_0<t_1<\cdots<t_{n-1}<t_n$，则 t_n 就可以看成“将来”，t_0，t_1，t_2，…，t_{n-2} 就可以看成“过去”。因此上述定义可表述为在现在的状态 $X(t_{n-1})$ 取值为 x_{n-1} 的条件下，将来状态 $X(t_n)$ 的取值与过去状态 $X(t_0)$，$X(t_1)$，$X(t_2)$，…，$X(t_{n-2})$ 的取值是无关的。

4.1.4 马尔可夫链

马尔可夫链是指时间和状态参数都是离散的马尔可夫过程，是最简单的马尔可夫过程。通常来讲，马尔可夫过程所研究的时间是无限的，是连续变量，其数值是连续不断的，相邻两值之间可做无限分割，且做研究的状态也是无限多的。而马尔可夫链的时间参数取离散数值。在经济预测中，一般的时间取的是日、月、季、年。同时马尔可夫链的状态也是有限的，只有可列个状态。例如市场销售状态可取“畅销”和“滞销”两种。用蛙跳的例子说明：假定池中有 N 张荷叶，编号为 1，2，3，…，N，即蛙跳可能有 N 个状态（状态确知且离散）。青蛙所属荷叶，为目前所处的状态；因此未来的状态，只与现在所处状态有关，而与以前的状态无关（无后效性成立）。

若随机过程 $X(n)$，$n \in T$ 满足条件：

（1）时间集合取非负整数集 $T=\{0，1，2，L\}$ 对应每个时刻，状态空间是离散集，记作 $E=\{E_0，E_1，E_2，\cdots\}$，即 $X(n)$ 的时间状态是离散的。

（2）对任意的整数 $n\in T$，条件概率满足

$$P[X(n+1)=E_{n+1} \mid X(n)=E_n,\ X(n-1)=E_{n-1},\ \cdots,\ X(0)=E_0]$$

$$=P\{X(n+1)=E_n \mid X(n)=E_n\}$$

则称 $X(n)$，$n \in T$ 为马尔可夫链，并记

$$P_{ij}^{(k)} = P\{X(m+k) = E_j \mid X(m) = E_i\},\ (E_i,\ E_j \in E)$$

表示在时刻 m，系统处于状态 E_i 的条件下，在时刻 $m+k$，系统处于状态 E_j 下的概率。

条件概率等式，意即 $X(n)$ 在时间 $m+k$ 的状态 $X(m+k)=E_j$ 的概率只与时刻 m 的状态 $X(m)=E_i$ 有关，而与 m 时间以前的状态无关，它就是马氏性（无后效性）的数学表达式之一。

4.1.5　状态转移概率及其转移概率矩阵

4.1.5.1　一步转移概率矩阵

假设系统的状态空间为 $E=\{E_0,\ E_1,\ E_2,\ \cdots,\ E_n\}$，而每一个时间系统只能处于其中一个状态，因此每一个状态都有 n 个转向（包括转向自身），即

$$E_i \to E_1,\ E_i \to E_2,\ \cdots,\ E_i \to E_i,\ \cdots E_i \to E_n$$

在 m 时刻系统处于状态 E_i 的条件下，在 $m+k$ 时刻系统处于状态 E_j 下的条件概率可表示为

$$P_{ij}^{(k)} = P\{X(m+k) = E_j \mid X(m) = E_i\},\ (E_i,\ E_j \in E)$$

当 $k=1$ 时，$P_{ij}^{(k)} = P\{X(m+1) = E_j \mid X(m) = E_i\}$，$(E_i,\ E_j \in E)$。

系统在 m 时刻处于状态 E_i 的条件下，在 $m+1$ 时刻系统处于状态 E_j 条件下的概率，称为由状态 E_i 经一次转移到状态 E_j 的转移概率。系统所有状态的一步转移概率的集合所组成的矩阵称为一步状态转移概率矩阵。其形式如下：

$$\boldsymbol{P} = \begin{array}{c} \\ E_1 \\ E_2 \\ \vdots \\ E_n \end{array} \begin{array}{c} \begin{array}{cccc} E_1 & E_2 & \cdots & E_n \end{array} \\ \left\{\begin{array}{cccc} p_{11} & p_{12} & \cdots & p_{1n} \\ p_{21} & p_{22} & \cdots & p_{2n} \\ \vdots & \vdots & \cdots & \vdots \\ p_{n1} & p_{n2} & \cdots & p_{nn} \end{array}\right\} \end{array}$$

此矩阵具有以下两个性质：

1）非负性：$p_{ij} \geqslant 0(i,\ j=1,\ 2,\ \cdots,\ n)$；

2）行元素和为 1，即 $\sum_{j=1}^{n} p_{ij} = 1$，$i=1,\ 2,\ \cdots,\ n$。

4.1.5.2 k 步转移概率矩阵

由一步转移概率的定义可知，k 步转移概率为就是系统由状态 E_i 经 k 次转移到状态 E_j 的概率，即可表示为

$$P_{ij}^{(k)}=P\{X(m+k)=E_j \mid X(m)=E_i\}, \ (E_i, \ E_j \in E)$$

因此，系统的 k 步转移概率矩阵就是由所有状态的 k 步转移概率集合所组成的矩阵。其形式如下

$$\boldsymbol{P}^{(k)}=\begin{matrix} & E_1 & E_2 & \cdots & E_n \\ E_1 & p_{11}^{(k)} & p_{12}^{(k)} & \cdots & p_{1n}^{(k)} \\ E_2 & p_{21}^{(k)} & p_{22}^{(k)} & \cdots & p_{2n}^{(k)} \\ \vdots & \vdots & \vdots & \cdots & \vdots \\ E_n & p_{n1}^{(k)} & p_{n2}^{(k)} & \cdots & p_{nn}^{(k)} \end{matrix}$$

此矩阵具有以下两个性质：

1）非负性：$p_{ij}^{(k)} \geqslant 0(i, \ j=1, \ 2, \ \cdots, \ n)$；

2）行元素和为 1，即 $\sum_{j=1}^{n} p_{ij}^{(k)}=1, \ i=1, \ 2, \ \cdots, \ n$。

4.1.5.3 一步转移概率矩阵和 k 步转移概率矩阵的关系

由 k 步转移概率矩阵的概念，可知

$$P^{(k)}=P^k=\underbrace{P \cdot P \cdot \cdots \cdot P}_{k个}$$

其中：P 为一步状态转移矩阵。即当系统满足稳定性假设时，k 步状态转移矩阵为一步状态转移矩阵的 k 次方。

4.2 算法方案分析及模型建立

4.2.1 趋势加权马尔可夫模型

传统的马尔可夫模型预测精度不高，而加权马尔可夫模型预测则是通过不同步长的马尔可夫链进行加权得到最终的预测值，精度会有所提高，本书在此基础上提出趋势加权的马尔可夫模型，具体方法如下：通过加权马尔可夫链得到降水量的预测值；将原始的样本相邻年份降水量作为差值，构成一个新的样本，再通过加权马尔可夫链得到一个差值的预测值；然后将这两个预测值进行加权，得到最终的预测值。经过验证，这种方法不但可以反映一定的样本趋

势变化，而且预测精度也有了一定的提高。

4.2.2　检验降水量序列的“马氏性”

在应用马尔可夫链模型之前，必须确定随机变量序列的“马氏性”。设所讨论的样本值序列包含 m 个可能的状态，用 f_{ij} 表示指标值序列 x_1，x_2，…，x_n 中从状态 i 经过一步转移到达状态 j 的频数，i，$j\in E$。将转移频数矩阵的第 j 列之和除以各行各列的总和所得的值称为边际概率，记为 $P_{\cdot j}$，即

$$P_{\cdot j}=\frac{\sum_{i=1}^{m}f_{ij}}{\sum_{i=1}^{m}\sum_{j=1}^{m}f_{ij}} \tag{4-1}$$

则当 n 充分大时，统计量

$$\chi^2=2\sum_{i=1}^{m}\sum_{j=1}^{m}f_{ij}\left|\log\frac{P_{ij}}{p_{\cdot j}}\right| \tag{4-2}$$

服从自由度为 $(m-1)^2$ 的 χ^2 分布。其中：P_{ij} 为转移概率。给定显著水平 α，查表可得分位点 $\chi_\alpha^2[(m-1)^2]$ 的值，计算后得统计量 χ^2 的值。若 $\chi^2>\chi_\alpha^2[(m-1)^2]$，则可以认为 $\{x_i\}$ 符合马氏性，否则可以认为该序列不可作为马尔可夫链来处理。

4.2.3　状态的划分

本书采用样本均值—方差的分级法进行状态的划分，设样本序列为 x_1，x_2，…，x_n，样本的均值为 $\overline{X}$，样本的方差为

$$s=\sqrt{\frac{1}{n-1}\sum_{i=1}^{n}(x_i-\overline{x})^2}$$

将样本值分成五组，样本值的变化区间为

$$(-\infty,\ \overline{x}-\alpha_1 s),\ (\overline{X}-\alpha_1 s,\ \overline{X}-\alpha_2 s),\ (\overline{X}-\alpha_2 s,\ \overline{X}+\alpha_2 s),$$

$$(\overline{X}+\alpha_2 s,\ \overline{X}+\alpha_1 s),\ (\overline{X}+\alpha_1 s,\ +\infty)$$

其中：$\alpha_1\in[1.0,\ 1.5]$，$\alpha_2\in[0.3,\ 0.6]$。

可根据具体情况对该方法进行修正，样本的变化区间为

$$(-\infty,\ \overline{X}-\alpha_1 s),\ (\overline{X}-\alpha_1 s,\ \overline{X}-\alpha_2 s),\ (\overline{X}-\alpha_2 s,\ \overline{X}+\alpha_3 s),$$

$$(\overline{X}+\alpha_3 s,\ \overline{X}+\alpha_4 s),\ (\overline{X}+\alpha_4 s,\ +\infty)$$

其中：α_1，$\alpha_4 \in [1.0,\ 1.5]$，α_2，$\alpha_3 \in [0.3,\ 0.6]$。

4.2.4 滞时权值的确定

计算年降水量误差序列的各阶自相关系数：

$$r_k = \frac{\sum_{t=1}^{n-k}(X_t - \overline{x})(X_{t+k} - \overline{x})}{\sum_{t=1}^{n}(X_t - \overline{x})^2} \tag{4-3}$$

式中：r_k 表示第 k 阶自相关系数；X_t 表示第 t 年的年降水量，mm；$\overline{x}$ 表示样本降水量的平均值，mm；n 表示降水量序列的长度，年。

规范化各阶自相关系数，即

$$w_k = \frac{|r_k|}{\sum_{k=1}^{m}|r_k|} \quad (m \leqslant 5) \tag{4-4}$$

其中：w_k 为 k 滞时的马尔可夫链的权。

4.2.5 模糊集理论中的级别特征值

传统的马尔可夫链预测模型只能预测某个降水量区间而无法得到较准确的预测值，因此本书采用模糊集理论中的级别特征值的方法解决这个问题，具体步骤如下。

（1）首先给各个状态赋以相应的权重，则 5 个权重构成的权重集为 $W=\{w_1,\ w_2,\ w_3,\ w_4,\ w_5\}$，其中权重计算公式为

$$w_i = \frac{P_i^{\eta}}{\sum_{k=1}^{5} P_i^{\eta}} \tag{4-5}$$

式中：η 为最大概率的作用系数，其值通常取 2 或 4，本书在降水量的预测中取 4，在差值的预测中取 2。其值越大越突出最大概率的作用。

(2) 定义 $H=\sum_{k=1}^{5} i\times w_i$ 为级别特征值。假设最大值概率确定的状态为 i，且 $H>i$，则预测值为 $\frac{T_i H}{i+0.5}$；如果 $H<i$，则预报值为 $\frac{B_i H}{i-0.5}$。其中 T_i，B_i 分别为状态区间值的上限和下限。

4.2.6　方案分析步骤

(1) 计算降水量样本的均值 $\overline{x}$ 和均方差 s，按照均值一方差分级法把数据分成 5 个状态。

(2) 按照 (1) 的划分标准，确定历年降水量所处的状态。

(3) 检验降水量样本数据是否具有“马氏性”。

(4) 计算自相关系数 r_k，进而计算不同滞时的马尔可夫链的权值 w_k。

(5) 统计 (2) 所得的结果，计算 $P^{(1)}\sim P^{(5)}$ 马尔可夫链的转移概率矩阵。

(6) 分别以前面若干时段的降水量值所对应的状态为初始状态，结合相应的转移概率矩阵，可得到预测降水量的状态概率 $P_i^{(k)}$。其中，i，$k\in[1,5]$。

(7) 将同一状态的各预测概率加权和作为降水量预测值处于该状态的预测概率，即

$$P_i=\sum_{k=1}^{m} w_k P_i^{(k)},\ i\in[1,5] \tag{4-6}$$

取 $\max\{P_i,\ i\in[1,5]\}$ 所对应的 i 为预测值的状态。

(8) 通过公式 $w_i=\frac{P_i^{\eta}}{\sum_{k=1}^{5} P_i^{\eta}}$ 计算各个状态权重值。再由公式 $H=\sum_{k=1}^{5} i\times w_i$ 得到级别特征值。结合状态级别和级别特征值得到预测值 X。

(9) 计算样本相邻降水量之间的差值，组成一个新的样本。重复 (1) ～ (8) 可得降水量的差值预测值为 x。

(10) 将降水量的预测值 X 和差值的预测值 x 加权，即 $X_{\text{final}}=w_1 X+w_2 x$，其中 w_1 和 w_2 是对应的权值。则可得降水量的最终预测值 X_{final}。

4.2.7　预测算法流程图

趋势加权马尔可夫预测算法流程图见图 4－1。

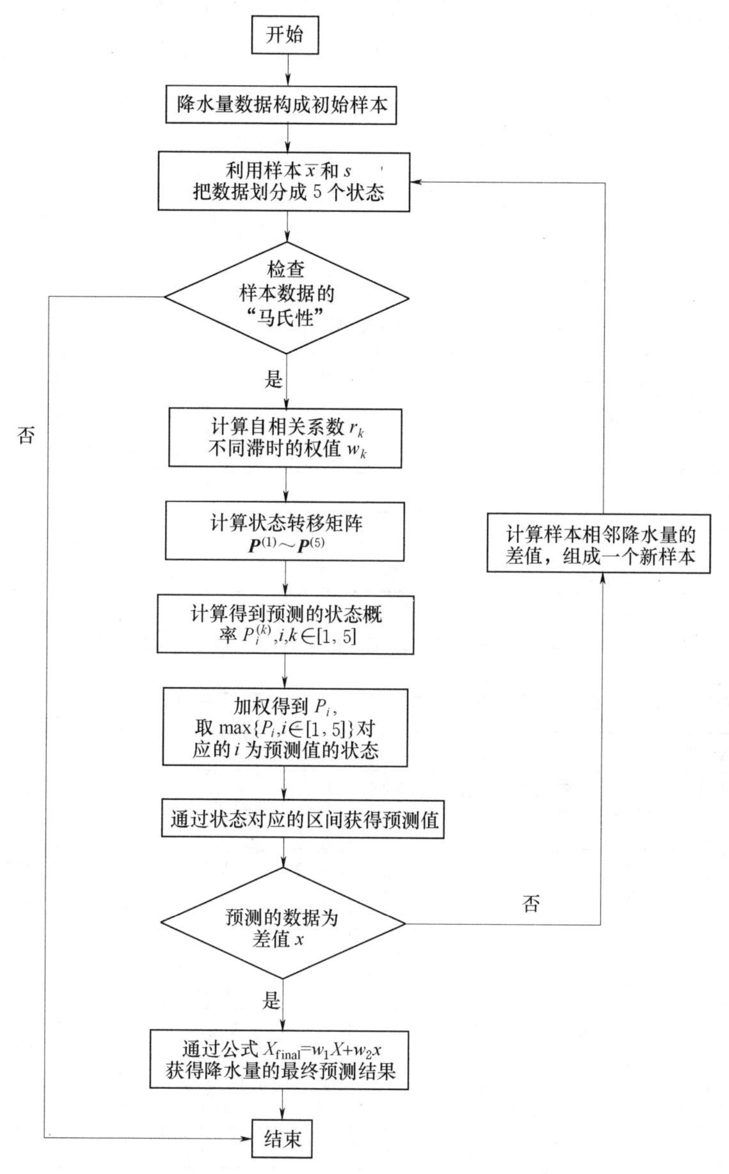

图 4-1　趋势加权马尔可夫预测算法流程图

4.3　实验结果验证和预测

4.3.1　算法验证

现有乌江流域 1961—2010 年共 50 年的降水量数据，我们以 1961—2005

年的降水量数据预测 2006 年降水量，以 1961—2006 年的降水量数据预测 2007 年降水量，依次类推，共预测 2006—2010 年 5 年的降水量，然后对比分析预测结果。

（1）序列（1961—2010 年）的均值 $\overline{x}=1153.7$mm，均方差 $s=122.7$mm，取 $\alpha_1=\alpha_4=1.4$，$\alpha_2=\alpha_3=0.3$，考虑到降水量现象本身的特性及序列数据本身的合理性，现将降水量序列分为 5 个状态：枯水、偏枯、正常、偏丰、丰水。见表 4-2。

表 4-2　　年降水量分级表

序列	状态	分级标准	降水量雨量区间/mm
1	枯水	$x\leqslant\overline{x}-1.1s$	$x\leqslant981.8$
2	偏枯	$\overline{x}-1.1s<x\leqslant\overline{x}-0.3s$	$981.8<x\leqslant1116.8$
3	正常	$\overline{x}-0.3s<x\leqslant\overline{x}+0.3s$	$1116.8<x\leqslant1190.5$
4	偏丰	$\overline{x}+0.3s<x\leqslant\overline{x}+1.1s$	$1190.5<x\leqslant1325.5$
5	丰水	$x>\overline{x}+1.1s$	$x>1325.5$

（2）按照表 4-2 的划分标准，将降水量序列划分到各个状态，见表 4-3。

表 4-3　　乌江水系 1961—2010 年降水量序列及其状态表

年份	1961	1962	1963	1964	1965	1966	1967	1968	1969
降水量	1.1900	1.0385	1.2896	1.3520	1.1724	0.8809	1.3835	1.1980	1.2036
状态	3	2	4	5	3	1	5	4	4
年份	1970	1971	1972	1973	1974	1975	1976	1977	1978
降水量	1.1362	1.1934	1.0897	1.1318	1.1829	1.1075	1.2631	1.4161	1.1332
状态	3	4	2	3	3	2	4	5	3
年份	1979	1980	1981	1982	1983	1984	1985	1986	1987
降水量	1.1115	1.3306	0.9130	1.2927	1.2728	1.1865	1.0330	1.0465	1.1226
状态	2	5	1	4	4	3	2	2	3
年份	1988	1989	1990	1991	1992	1993	1994	1995	1996
降水量	0.9824	0.9971	0.9609	1.1361	1.0810	1.1343	1.1076	1.2392	1.3766
状态	2	2	1	3	2	3	2	4	5
年份	1997	1998	1999	2000	2001	2002	2003	2004	2005
降水量	1.2414	1.1872	1.2743	1.2202	1.1242	1.2196	1.0659	1.2033	1.0225
状态	4	3	4	4	3	4	2	4	2
年份	2006	2007	2008	2009	2010				
降水量	0.9618	1.2092	1.1974	0.9915	1.0778				
状态	1	4	4	2	2				

(3) 对 50 年的降水量做马氏性检验。由表 4-3 可得:

$$f_{ij}=\begin{bmatrix}0&0&1&2&1\\2&3&3&4&1\\1&7&1&3&0\\0&4&4&4&3\\1&0&2&2&0\end{bmatrix},\quad P_{ij}=\begin{bmatrix}0&0&1/4&1/2&1/4\\2/13&3/13&3/13&4/10&1/13\\1/12&7/12&1/12&1/4&0\\0&4/15&4/15&4/15&1/5\\1/5&0&2/5&2/5&0\end{bmatrix}$$

统计 $\chi^2=2\sum_{i=1}^{5}\sum_{j=1}^{5}f_{ij}\left|\log\frac{p_{ij}}{p_{\cdot j}}\right|$ 可得表 4-4。边际概率如表 4-5。可见，统计 $\chi^2=34.0324$，给定显著性水平 $\alpha=0.05$，查表得 $\chi_\alpha^2(16)=26.296$。$\chi^2>\chi_\alpha^2(m-1)^2$ 可知降水量序列满足“马氏性”。

表 4-4　统计量 $\chi^2=2\sum_{i=1}^{5}\sum_{j=1}^{5}f_{ij}\left|\log\frac{p_{ij}}{p_{\cdot j}}\right|$ 计算表

状态	$f_{i1}\left\|\log\frac{p_{i1}}{p_{\cdot 1}}\right\|$	$f_{i1}\left\|\log\frac{p_{i2}}{p_{\cdot 2}}\right\|$	$f_{i1}\left\|\log\frac{p_{i3}}{p_{\cdot 3}}\right\|$	$f_{i1}\left\|\log\frac{p_{i4}}{p_{\cdot 4}}\right\|$	$f_{i1}\left\|\log\frac{p_{i5}}{p_{\cdot 5}}\right\|$	合计
1	0	0	0.1076	0.9812	0.8961	1.9849
2	1.2674	0.6407	0.0828	0.0205	0.2826	2.294
3	0.0206	4.9964	0.9910	0.6076	0	6.6156
4	0	0.2760	0.6887	0.5519	2.0188	3.5354
5	0.8961	0	1.1553	0.5350	0	2.5864
合计	2.1841	5.9131	3.0254	2.6962	3.1975	17.0163

表 4-5　边际概率表

状态	1	2	3	4	5
$P_{\cdot j}$	4/49	14/49	11/49	15/49	5/49

(4) 我们以 1961—2005 年的样本来预测 2006 年的权值，其他年份的预测同理。计算不同步长的权值，见表 4-6。

表 4-6　各阶自相关系数及各种步长的马尔可夫权值

k	1	2	3	4	5
r_k	0.0218	0.0189	0.1519	0.1384	−0.1254
w_k	0.0477	0.0415	0.3328	0.3032	0.2748

(5) 统计表 4-3 中的数据，得到各种步长的转移概率如下:

$$
\boldsymbol{P}^{(1)}=\begin{bmatrix} 0 & 0 & 1/3 & 1/3 & 1/3 \\ 1/11 & 2/11 & 3/11 & 4/11 & 1/11 \\ 1/12 & 7/12 & 1/12 & 1/4 & 0 \\ 0 & 3/13 & 4/13 & 3/13 & 3/13 \\ 1/5 & 0 & 2/5 & 2/5 & 0 \end{bmatrix}
$$

$$
\boldsymbol{P}^{(2)}=\begin{bmatrix} 0 & 1/3 & 0 & 2/3 & 0 \\ 2/11 & 3/11 & 3/11 & 0 & 3/11 \\ 0 & 5/12 & 1/12 & 1/3 & 1/6 \\ 0 & 1/12 & 1/2 & 5/12 & 0 \\ 1/5 & 1/5 & 1/5 & 2/5 & 0 \end{bmatrix}
$$

$$
\boldsymbol{P}^{(3)}=\begin{bmatrix} 0 & 0 & 2/3 & 1/3 & 0 \\ 0 & 2/5 & 3/10 & 3/10 & 0 \\ 1/6 & 1/12 & 1/4 & 1/4 & 1/44 \\ 1/12 & 1/2 & 1/6 & 1/4 & 0 \\ 0 & 0 & 1/5 & 2/5 & 2/5 \end{bmatrix}
$$

$$
\boldsymbol{P}^{(4)}=\begin{bmatrix} 0 & 2/3 & 1/3 & 0 & 0 \\ 1/5 & 3/10 & 1/5 & 1/5 & 1/10 \\ 0 & 1/6 & 1/3 & 5/12 & 1/12 \\ 0 & 4/11 & 3/11 & 2/11 & 2/11 \\ 1/5 & 0 & 1/5 & 3/5 & 0 \end{bmatrix}
$$

$$
\boldsymbol{P}^{(5)}=\begin{bmatrix} 0 & 1/3 & 0 & 2/3 & 0 \\ 1/10 & 1/10 & 3/10 & 1/5 & 3/10 \\ 1/11 & 5/11 & 3/11 & 1/11 & 1/11 \\ 1/11 & 2/11 & 3/11 & 5/11 & 0 \\ 0 & 2/5 & 1/5 & 2/5 & 0 \end{bmatrix}
$$

（6）2001—2005 年降水量以及对应的状态转移矩阵对 2006 年的降水量预测，结果见表 4 - 7。

表 4 - 7　　2006 年降水量预测结果

初始年	状态	滞时（年）	状态	权值 1	2	3	4	5
2005	2	1	0.0477	1/11	2/11	3/11	4/11	1/11
2004	4	2	0.0415	0	1/12	1/2	5/12	0
2003	2	3	0.3328	0	2/5	3/10	3/10	0
2002	4	4	0.3032	0	4/11	3/11	2/11	2/11
2001	3	5	0.2748	1/11	5/11	3/11	1/11	1/11
P_i				0.0661	0.3959	0.2477	0.2235	0.0668

由表 4-7 可知，$\max\{P_i, i\in[1, 5]\}=0.3959$，此时状态 $i=2$，对应的区间是 $981.8<x\leqslant 1116.8$，由公式（4-5）可得向量 $\boldsymbol{w}=$（0.0000，0.6910，0.2373，0.0700，0.0017），级别特征值 $H=2.3823$，因 $i=2$，所以 $H>i$，预测值为$\frac{T_i H}{i+0.5}=1064.2\text{mm}$。

（7）同理可得 2007—2010 年的降水量预测值，分别为 1299.9mm、1258.5mm、1148.6mm 和 1020.8mm，预测结果见表 4-8～表 4-11。

表 4-8　　2007 年降水量预测量预测结果

初始年	状态	滞时（年）	状态	权值				
				1	2	3	4	5
2006	1	1	0.1298	0	0	1/3	1/3	1/3
2005	2	2	0.0157	2/11	3/11	3/11	0	3/11
2004	4	3	0.3711	1/12	1/2	1/6	1/4	0
2003	2	4	0.2471	1/5	3/10	1/5	1/5	1/10
2002	4	5	0.2363	1/11	2/11	3/11	5/11	0
P_i				0.1047	0.3069	0.2233	0.2929	0.0723

表 4-9　　2008 年降水量预测量预测结果

初始年	状态	滞时（年）	状态	权值				
				1	2	3	4	5
2007	4	1	0.1043	0	3/13	4/13	3/13	3/13
2006	1	2	0.0076	0	1/3	0	2/3	0
2005	2	3	0.4011	1/11	4/11	3/11	3/11	0
2004	4	4	0.2466	1/12	1/3	1/4	1/6	1/6
2003	2	5	0.2405	1/10	1/10	3/10	1/5	3/10
P_i				0.0811	0.2787	0.2753	0.2277	0.1373

表 4-10　　2009 年降水量预测量预测结果

初始年	状态	滞时（年）	状态	权值				
				1	2	3	4	5
2008	4	1	0.1076	0	3/14	2/7	2/7	3/14
2007	4	2	0.0322	1/13	1/13	6/13	5/13	0
2006	1	3	0.3712	0	0	2/3	1/3	0
2005	2	4	0.2445	2/11	3/11	2/11	3/11	1/11
2004	4	5	0.2446	1/12	1/6	1/4	1/2	0
P_i				0.0673	0.1330	0.3986	0.3558	0.0453

表 4-11　　2010 年降水量预测量预测结果

初始年	状态	滞时（年）	状态	权值				
				1	2	3	4	5
2009	2	1	0.0719	1/6	1/6	1/4	1/3	1/12
2008	4	2	0.0487	1/14	1/7	3/7	5/14	0
2007	4	3	0.3942	1/13	6/13	2/13	4/13	0
2006	1	4	0.2621	0	2/3	1/3	0	0
2005	2	5	0.2231	1/11	1/11	3/11	3/11	3/11
P_i				0.0661	0.3959	0.2477	0.2235	0.0668

（8）在 50 年的降水量样本相邻元素间作差值，重新获得一个样本，$\alpha_1=\alpha_4=1.1$，$\alpha_2=\alpha_3=0.3$，重复（1）～（7）则可得 2005—2006 年、2006—2007 年、2007—2008 年、2008—2009 年、2009—2010 年的差值预测的结果分别为 42.2127、44.6123、−56.9153、44.0244 和 151.3311。当取不同权值时降水量最终的预测结果见表 4-12，可以看到当 $w_1=0.93$，$w_2=0.07$ 时累计相对误差最小，不妨取权值向量 $\boldsymbol{w}=(0.93, 0.07)$ 以便于下面部分的分析。

（9）为了更加直观地对比各种算法的优劣，分别又以普通马尔可夫、加权马尔可夫链算法预测 2006—2010 年的降水量，趋势加权的马尔可夫权值向量为 $\boldsymbol{w}=(0.93, 0.07)$。具体结果及累积相对误差见表 4-13。从表中可以看出三种算法累积误差是递减的，可以认为趋势加权的马尔可夫预测效果是最好的。

表 4-12　　不同权值对应的降水量及其累积误差

项目		年份					累积相对误差
		2006	2007	2008	2009	2010	
降水量真实值/10^3		0.9618	1.2092	1.1974	0.9915	1.0778	×
降水量预测值/10^3		1.0642	1.2999	1.2585	1.1486	1.0208	×
差值预测值		42.21	44.61	−56.91	44.02	151.33	×
最终预测值	$w_1=0.98$ $w_2=0.05$	1.0438	1.2748	1.2322	1.1265	1.0034	0.3737
	$w_1=0.95$ $w_2=0.05$	1.0132	1.2371	1.1927	1.0933	0.9773	0.2764
	$w_1=0.93$ $w_2=0.07$	0.9928	1.2120	1.1664	1.0713	0.9600	0.2502
	$w_1=0.90$ $w_2=0.10$	0.9621	1.1744	1.1269	1.0381	0.9339	0.2686
	$w_1=0.85$ $w_2=0.15$	0.9111	1.1116	1.0612	0.9829	0.8904	0.4298
	$w_1=0.80$ $w_2=0.20$	0.8600	1.0488	0.9954	0.9277	0.8469	0.6857

注　×表示累积相对误差不存在。

表 4-13　　三种算法对比表

项　目	年　份					累积相对误差
	2006	2007	2008	2009	2010	
降水量实际值	0.9618	1.2092	1.1974	0.9915	1.0778	0
马尔可夫/10^3	1.2504	1.1782	1.1308	1.1905	1.2135	0.7079
加权马尔可夫链/10^3	1.0642	1.2999	1.2585	1.1486	1.0208	0.4438
趋势加权马尔可夫/10^3	0.9928	1.2120	1.1664	1.0713	0.9600	0.2502

4.3.2 预测未来 5 年的降水量

在上一个小节中，分别用 3 种方法预测了 5 年的降水量，并对比了实验的结果。本节中用这 3 种预测方法对未来 5 年的降水量作了预测，预测结果见表 4-14。

表 4-14　　未来 5 年的降水量预测

模　型	年　份				
	2011	2012	2013	2014	2015
马尔可夫/10^3	1.1526	1.1216	1.0611	1.1360	1.1751
加权马尔可夫链/10^3	1.2431	1.1879	1.1372	1.2066	1.2598
趋势加权马尔可夫/10^3	0.9843	1.1338	1.0032	1.0979	1.1773

4.3.3 未来旱情等级特征分析

根据预测未来 5 年的降水量，采用 Z 指标对未来研究区域旱情等级特征进行分析。Z 指标分析结果表明：2011 年和 2013 年达到重旱等级，2012 年、2014 年和 2015 年旱涝等级正常。事实上，2011 年和 2013 年贵州均发生严重干旱，表明预测结果与实际较吻合，预测模型能够较好地反映研究区域的旱情发生规律。

4.4 本章小结

本章讨论了马尔可夫链的概念、模型和预测原理，利用乌江流域 1961—2010 年共 50 年的降水量，对三种预测模型进行了验证和对比，又分别对未来 5 年降水量进行了预测。传统的马尔可夫预测模型相对简单，预测效果一般；加权的马尔可夫模型用不同步长的马尔可夫链加权来预测未来的状态，精度有所提高；而本章提出在加权马尔可夫模型的基础上，利用差值的预测值和降水量的预测值通过加权的方式得到最终的预测值，这种方法不但考虑了样本序列的变化趋势，而且预测精度较高，为提高降水量预测精度找到了新方法。

第5章　基于神经网络的降水量预测研究

上两章中介绍了基于蒙特卡洛和马尔可夫的预测方法，本章将介绍神经网络在降水量预测中的应用。人工神经网络是由大量的神经元相互连接，通过模拟人的大脑的神经处理信息的方式，进行信息并行处理和非线性转换的复杂网络系统。神经网络具有很强大的学习能力，可以比较轻松地实现非线性映射过程，并且具有大规模的计算能力，所以神经网络在计算机和人工智能等领域有着广泛的应用。神经网络主要分为前向网络和反馈型前向网络，层内有相互结合的前向神经网络和相互结合型网络。本章将要介绍的 BP 神经网络和径向神经网络属于前向型神经网络，而 Elman 属于反馈型神经网络。

本章主要包括以下内容：

(1) 详细地介绍了三种神经网络模型（BP 神经网络、径向神经网络、Elman 神经网络）的概念、原理、样本训练和预测方法。

(2) 分别利用 1961—2005 年的降水量训练三种网络，对 2006—2010 年 5 年的降水量进行预测，进行试验效果的对比和误差分析，讨论三种网络在旱情中的预测性能。

(3) 利用训练好的三种神经网络，对未来 5 年的降水量进行预测。

5.1　BP 神经网络原理

BP 神经网络能够在不揭示输入—输出模式映射关系的情况下，进行大量的学习和存储。它的学习规则是使用最速下降法，通过反向传播来不断调整网络的权值和阈值，使网络的误差平方和最小。BP 神经网络模型拓扑结构包括输入层（input）、隐含层（hide layer）和输出层（output layer）见图 5-1。

5.1.1　基本 BP 算法公式推导

基本 BP 算法包括两个方面：信号的前向传播和误差的反向传播。即计算实际输出时按从输入到输出的方向进行，而权值和阈值的修正从输出到输入的方向进行。

x_j 表示输入层第 j 个节点的输入，$j=1$，…，M；

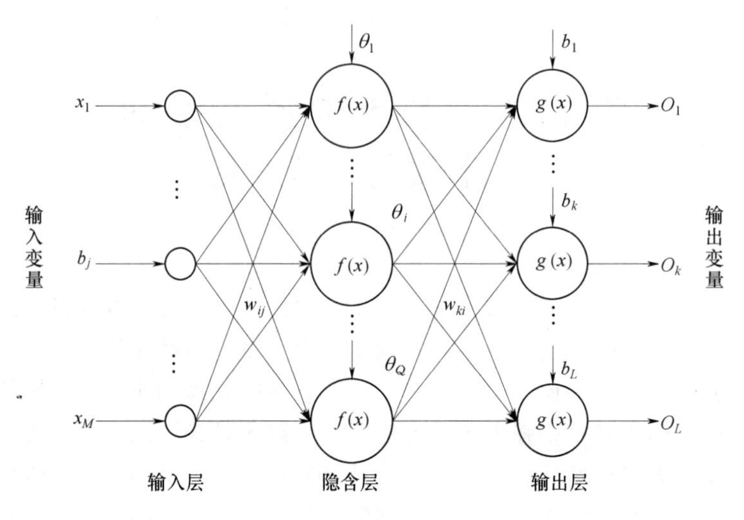

图 5-1　BP 网络结构

w_{ij} 表示隐含层第 i 个节点到输入层第 j 个节点之间的权值；

θ_i 表示隐含层第 i 个节点的阈值；

$f(x)$ 表示隐含层的激励函数；

w_{ki} 表示输出层第 k 个节点到隐含层第 i 个节点之间的权值，$i=1$，…，Q；

b_k 表示输出层第 k 个节点的阈值，$k=1$，…，L；

$g(x)$ 表示输出层的激励函数；

O_k 表示输出层第 k 个节点的输出。

(1) 信号的前向传播过程。

隐含层第 i 个节点的输入 net_i：

$$net_i = \sum_{j=1}^{M} w_{ij} x_j + \theta_i \tag{5-1}$$

隐含层第 i 个节点的输出 y_i：

$$y_i = f(net_i) = f(\sum_{j=1}^{M} w_{ij} x_j + \theta_i) \tag{5-2}$$

输出层第 k 个节点的输入 net_k：

$$net_k = \sum_{i=1}^{Q} w_{ki} y_i + b_k = \sum_{i=1}^{Q} w_{ki} f(\sum_{j=1}^{M} w_{ij} x_j + \theta_i) + b_k \tag{5-3}$$

输出层第 k 个节点的输出 O_k：

$$O_k = g(net_k) = g(\sum_{i=1}^{Q} w_{ki} y_i + b_k) = g[\sum_{i=1}^{Q} w_{ki} f(\sum_{j=1}^{M} w_{ij} x_j + \theta_i) + b_k] \tag{5-4}$$

(2) 误差的反向传播过程。

误差的反向传播，即首先由输出层开始逐层计算各层神经元的输出误差，然后根据误差梯度下降法来调节各层的权值和阈值，使修改后的网络的最终输出能接近期望值。对于每一个样本 p 的二次型误差准则函数为 E_p

$$E_p = \frac{1}{2}\sum_{k=1}^{L}(T_k - O_k)^2 \tag{5-5}$$

系统对 P 个训练样本的总误差准则函数为

$$E = \frac{1}{2}\sum_{p=1}^{P}\sum_{k=1}^{L}(T_k - O_k)^2 \tag{5-6}$$

根据误差梯度下降法依次修正输出层权值的修正量 Δw_{ki}，输出层阈值的修正量 Δb_k，隐含层权值的修正量 Δw_{ik}，隐含层阈值的修正量 $\Delta\theta_k$。

$$\Delta w_{ki} = -\eta\frac{\partial E}{\partial w_{ki}},\ \Delta b_k = -\eta\frac{\partial E}{\partial b_k},\ \Delta w_{ij} = -\eta\frac{\partial E}{\partial w_{ij}},\ \Delta\theta_i = -\eta\frac{\partial E}{\partial\theta_i} \tag{5-7}$$

输出层权值调整公式

$$\Delta w_{ki} = -\eta\frac{\partial E}{\partial w_{ki}} = -\eta\frac{\partial E}{\partial net_k}\frac{\partial net_k}{\partial w_{ki}} = -\eta\frac{\partial E}{\partial O_k}\frac{\partial O_k}{\partial net_k}\frac{\partial net_k}{\partial w_{ki}} \tag{5-8}$$

输出层阈值调整公式

$$\Delta b_k = -\eta\frac{\partial E}{\partial b_k} = -\eta\frac{\partial E}{\partial net_k}\frac{\partial net_k}{\partial b_k} = -\eta\frac{\partial E}{\partial O_k}\frac{\partial O_k}{\partial net_k}\frac{\partial net_k}{\partial b_k} \tag{5-9}$$

隐含层权值调整公式

$$\Delta w_{ij} = -\eta\frac{\partial E}{\partial w_{ij}} = -\eta\frac{\partial E}{\partial net_i}\frac{\partial net_i}{\partial w_{ij}} = -\eta\frac{\partial E}{\partial y_i}\frac{\partial y_i}{\partial net_i}\frac{\partial net_i}{\partial w_{ij}} \tag{5-10}$$

隐含层阈值调整公式

$$\Delta\theta_i = -\eta\frac{\partial E}{\partial\theta_i} = -\eta\frac{\partial E}{\partial net_i}\frac{\partial net_i}{\partial\theta_i} = -\eta\frac{\partial E}{\partial y_i}\frac{\partial y_i}{\partial net_i}\frac{\partial net_i}{\partial\theta_i} \tag{5-11}$$

又因为

$$\frac{\partial E}{\partial O_k} = \sum_{p=1}^{P}\sum_{k=1}^{L}(T_k^P - O_k^P)^2 \tag{5-12}$$

$$\frac{\partial net_k}{\partial w_{ki}} = y_i,\ \frac{\partial net_k}{\partial b_k} = 1,\ \frac{\partial net_i}{\partial w_{ij}} = x_j,\ \frac{\partial net_i}{\partial\theta_i} = 1 \tag{5-13}$$

$$\frac{\partial E}{\partial y_i} = -\sum_{p=1}^{P}\sum_{k=1}^{L}(T_k^p - O_k^p).\ f'(net_k)w_{ki} \tag{5-14}$$

$$\frac{\partial y_i}{\partial net_i} = f'(net_i) \tag{5-15}$$

$$\frac{\partial O_k}{\partial net_k} = g'(net_k) \tag{5-16}$$

最后得到下式

$$\Delta w_{ki} = \eta \sum_{p=1}^{P} \sum_{k=1}^{L} (T_k^p - O_k^p) f'(net_k) y_i \tag{5-17}$$

$$\Delta b_k = \eta \sum_{p=1}^{P} \sum_{k=1}^{L} (T_k^p - O_k^p) f'(net_k) \tag{5-18}$$

$$\Delta w_{ij} = \eta \sum_{p=1}^{P} \sum_{k=1}^{L} (T_k^p - O_k^p) f'(net_k) w_{ki} g'(net_i) x_j \tag{5-19}$$

$$\Delta \theta_k = \eta \sum_{p=1}^{P} \sum_{k=1}^{L} (T_k^p - O_k^p) f'(net_k) w_{ki} g'(net_i) \tag{5-20}$$

5.1.2　基本 BP 算法的缺陷

由于基本 BP 算法具有计算简单、易于实现、并行性好等特点，目前应用最为广泛和成熟。但也同时存在学习效率不高、收敛性较差等缺陷。在具体应用时，需对其进行优化和改进。

5.1.3　基本 BP 算法的优化与改进

改进与优化 BP 算法，通常采用附加动量法。采用附加动量法的核心问题是自学习速率的选择。而自学习速率的选择通常采用的算法是动量自适应学习速率调整算法。

5.1.4　网络的设计

改进和优化的 BP 网络设计，主要从以下几个方面入手：①适合的网络层数；②网络隐含层的神经元个数；③系统初始权值的准确选择；④确定网络学习速率等。BP 算法流程见图 5-2。

5.1.5　BP 神经网络的设计与训练

选取乌江流域 1961—2005 年共 45 年的降水量用来训练神经网络，选取 2006—2010 年共 5 年的降水量用来检验模型的预测效果。

5.1.5.1　BP 网络结构参数的设计

从预测降水量的角度出发，首先确定神经网的基本结构。采用 3 层 BP 神经网络以建立降水量模型。输入层和输出层采用两种方案，一种为输入层节点数 $M=25$，输出层节点数为 $L=1$；另一种为输入层节点数 $M=25$，输出层节点数为 $L=5$。隐藏层点数的选择是人工神经网络最为关键步骤，它直接影响网络对复杂问题的映射能力。可采用试凑法确定最佳隐节点数。先设置较少的隐节点训练网络，然后逐渐增加隐节点数，用同一样本集进行训练，从中确定

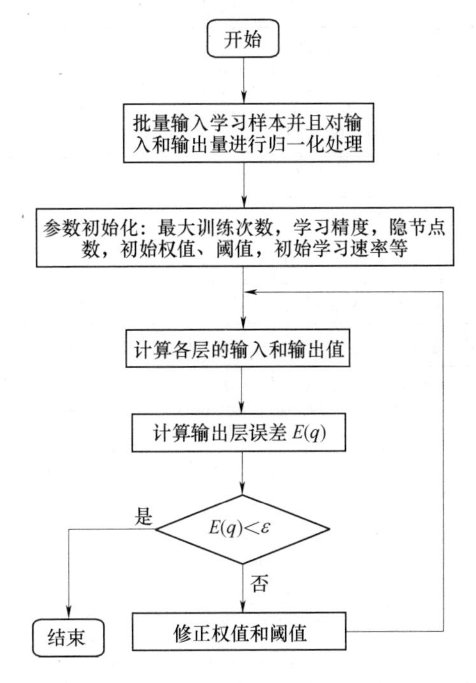

图 5-2 BP 算法程序流程图

网络误差最小时对应的隐节点数，为 $Q=12$。隐藏层神经元的转移函数选用 tansig 函数，输出层神经元的转移函数选用 tansig 函数。

5.1.5.2 数值处理与训练样本生成

对应降水量时间序列 $R=(R_1, R_2, \cdots R_n)$。设序列的最大值、最小值分别为 $R_{\max}$，$R_{\min}$。对时间序列的值作归一化处理，得到 $X=(x_1, x_2, \cdots x_n)$。令

$$x_i=\frac{R_j-R_{\min}}{R_{\max}-R_{\min}}a+b \tag{5-21}$$

式中：x_i 为归一化后序列的第 i 个量；a，b 分布为参数，设 $a=0.9$，$b=(1-a)/2$。因神经元的转移函数取 tansig 函数，这样做可以避免神经元的输出进入饱和状态。归一化的结果见表 5-1。

表 5-1 降水量归一化结果

年份	1961	1962	1963	1964	1965	1966	1967	1968	1969
降水量/10^3mm	1.1900	1.0385	1.2896	1.3520	1.1724	0.8809	1.3835	1.1980	1.2036
归一化	0.5698	0.3150	0.7373	0.8422	0.5402	0.0500	0.8952	0.5832	0.5927

续表

年份	1970	1971	1972	1973	1974	1975	1976	1977	1978
降水量/10^3mm	1.1362	1.1934	1.0897	1.1318	1.1829	1.1075	1.2631	1.4161	1.1332
归一化	0.4793	0.5755	0.4011	0.4719	0.5578	0.4311	0.6927	0.9500	0.4743
年份	1979	1980	1981	1982	1983	1984	1985	1986	1987
降水量/10^3mm	1.1115	1.3306	0.9130	1.2927	1.2728	1.1865	1.0330	1.0465	1.1226
归一化	0.4378	0.8062	0.1040	0.7425	0.7090	0.5639	0.3058	0.3285	0.4564
年份	1988	1989	1990	1991	1992	1993	1994	1995	1996
降水量/10^3mm	0.9824	0.9971	0.9609	1.1361	1.0810	1.1343	1.1076	1.2392	1.3766
归一化	0.2207	0.2454	0.1845	0.4791	0.3865	0.4761	0.4312	0.6525	0.8836
年份	1997	1998	1999	2000	2001	2002	2003	2004	2005
降水量/10^3mm	1.2414	1.1872	1.2743	1.2202	1.1242	1.2196	1.0659	1.2033	1.0225
归一化	0.6562	0.5651	0.7115	0.6206	0.4591	0.6196	0.3611	0.5922	0.2881
年份	2006	2007	2008	2009	2010				
降水量/10^3mm	0.9618	1.2092	1.1974	0.9915	1.0778				
归一化	0.1860	0.6021	0.5822	0.2360	0.3811				

得到 $X=(x_1, x_2, \cdots, x_n)$ 之后，按照输入层和输出层的个数不一样构造两种方案的输入样本和输出样本。

方案一：在时间序列中，输入层节点数个数直接决定了训练网络的好坏。根据神经网络的原理可知，因为是用一个输入序列来预测下一个输出序列，所以对输入序列有较高的要求。如果输入序列不能够代表着整个序列的大致分布情况，那么预测出来的效果就有较大的出入。由 3.4.1 可知，当 M 最小取 25 年时，前 M 年能够代表一个与整体分布大致一样的历史序列，所以取输入层神经元个数 $M=25$，输出层节点数为 $L=1$，即令 $X_k=(x_k, x_{k+1}, \cdots, x_{k+(M-1)})$ 为第 k 个输入样本，令 $T_k=x_{k+M}$ 为第 k 个输出样本，其中，M 为输入层的个数。即

第 1 个输入样本为 $X_1=(x_1, x_2, \cdots, x_{25})$，第 1 个输出样本为 $T_1=x_{26}$；
第 2 个输入样本为 $X_2=(x_2, x_3, \cdots, x_{26})$，第 2 个输出样本为 $T_2=x_{27}$；
……

第 20 个输入样本为 $X_{20}=(x_{20}, x_{21}, \cdots, x_{44})$，第 20 个输出样本为 $T_{20}=x_{45}$。

方案二：输入层节点数 $M=25$，原因同方案一，输出层节点数为 $L=5$，即令 $X_k=(x_k, x_{k+1}, \cdots, x_{k+(M-1)})$ 为第 k 个输入样本，令 $T_k=(x_{k+(M-L)+1}, x_{k+(M-L+1)+1}, \cdots, x_{k+(M-1)+1})$ 为第 k 个输出样本，其中，M 为输入层神经元的

个数，L 为输出层神经元的个数。即

第 1 个输入样本为 $X_1=(x_1, x_2, \cdots, x_{25})$，第 1 个输出样本为 $T_1=(x_{22}, x_{23}, \cdots, x_{26})$；

第 2 个输入样本为 $X_2=(x_2, x_3, \cdots, x_{26})$，第 2 个输出样本为 $T_2=(x_{23}, x_{24}, \cdots, x_{27})$；

……

第 20 个输入样本为 $X_{20}=(x_{20}, x_{21}, \cdots, x_{44})$，第 20 个输出样本为 $T_{20}=(x_{41}, x_{42}, \cdots, x_{45})$。

5.1.5.3 BP 网络的训练

(1) 方案一的结果分析。

将 20 组样本对输入网络进行训练。允许的最大误差为 10^{-6}，最大的训练次数为 2000 次。当训练次数为 1268 次时，网络达到了训练要求。把需预测的样本 $X_{21}=(x_{21}, x_{41}, \cdots, x_{45})$ 输入网络，得到 $T_{21}=x'_{46}$。如此将第 46 年的降水量的值带入下式：

$$R'_{46}=\frac{(x'_{46}-b)(R_{\max}-R_{\min})}{a}+R_{\min} \tag{5-22}$$

如此类推，可以计算出预测降水量 R'_{46}、R'_{47}、R'_{48}、R'_{49}、R'_{50}。

方案一模型测试结果与实际结果对比列于表 5-2，预测值与真实值的相对误差见图5-3。

表 5-2 用方案一模型测试结果与实际结果对比

年份	真实降水量/10^3	预测降水量/10^3	相对误差/%
2006	0.9618	0.8972	6.7181
2007	1.2092	1.0751	11.0874
2008	1.1974	0.9924	17.1196
2009	0.9915	1.0952	10.4574
2010	1.0778	1.1110	3.0784

(2) 方案二的结果分析。

将 20 组样本对输入网络进行训练。允许的最大误差为 10^{-6}，最大的训练次数为 2000 次。当训练次数为 1627 次时，网络达到了训练要求。把需预测的样本 $X_{21}=(x_{21}, x_{41}, \cdots, x_{45})$ 输入网络，得到 $T_{21}=(x'_{42}, x'_{43}, \cdots, x'_{46})$。如此将第 46 年的降水量的值带入下式：

$$R'_{46}=\frac{(x'_{46}-b)(R_{\max}-R_{\min})}{a}+R_{\min} \tag{5-23}$$

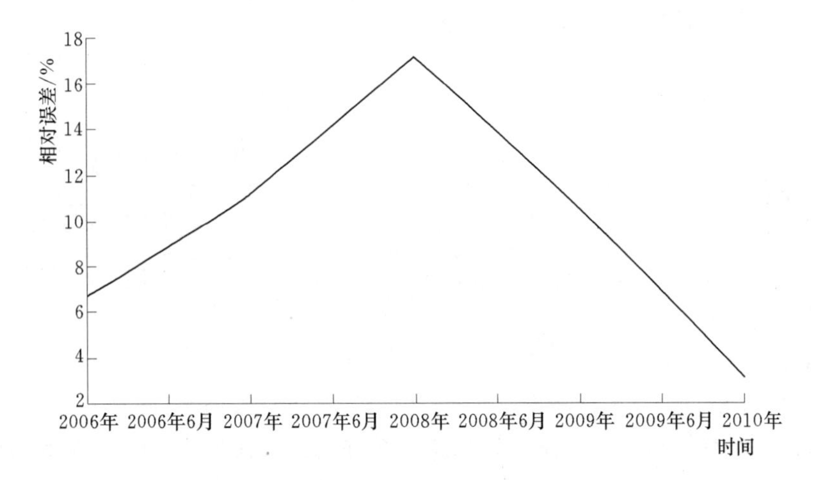

图 5-3　方案一预测值与真实值的相对误差

如此类推，可以计算出预测降水量 R'_{46}、R'_{47}、R'_{48}、R'_{49}、R'_{50}。

方案二模型测试结果与实际结果对比见表 5-3，预测值与真实值的相对误差见图5-4。

表 5-3　　方案二模型测试结果与实际结果对比

年份	真实降水量/10^3	预测降水量/10^3	相对误差/%
2006	0.9618	0.7753	19.3940
2007	1.2092	1.0770	10.9322
2008	1.1974	1.0616	11.3376
2009	0.9915	0.9658	2.5968
2010	1.0778	1.1798	9.4596

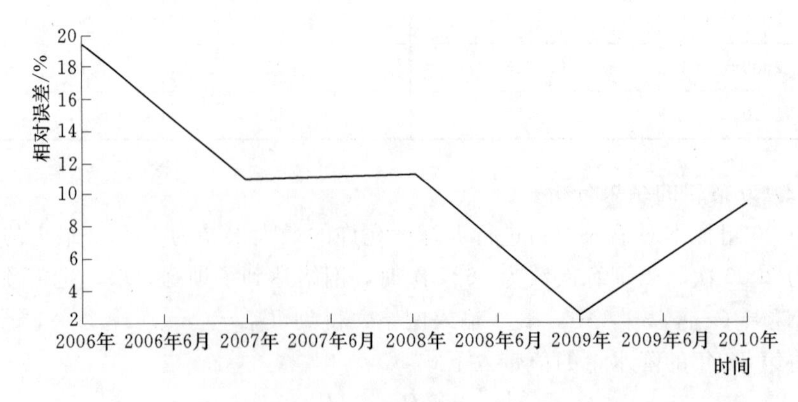

图 5-4　方案二预测值与真实值的相对误差

5.2 RBF 神经网络

1985 年，Powell 提出了多变量插值的径向基函数（radical basis function，RBF）方法。1988 年，Moody 和 Darken 提出了一种神经网络结构，即 RBF 神经网络，属于前向神经网络类型，它能够以任意精度逼近任意连续函数，特别适合于解决分类问题。

5.2.1 RBF 神经网络模型

径向基神经网络的激活函数采用径向基函数，通常定义为空间任一点到某一中心之间欧氏距离的单调函数。由图 5－5 所示的径向基神经元结构可以看出，径向基神经网络的激活函数是以输入向量和权值向量之间的距离 $\| dist \|$ 作为自变量的。径向基神经网络的激活函数通常的表达式为

$$R(\| dist \|) = \mathrm{e}^{-\| dist \|^2} \tag{5-24}$$

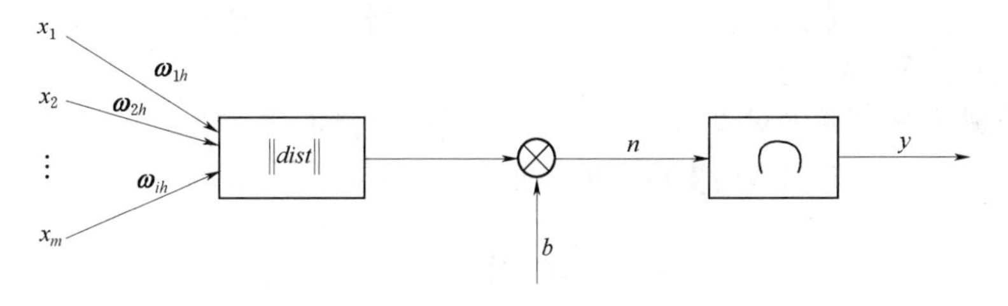

图 5－5 径向基神经元模型

图 5－5 为径向基神经元模型图，图中 b 为阈值，它的主要作用是对神经元的灵敏度进行调整。在函数逼近方面，主要应用广义回归神经网络，它是由线性神经元和径向基神经元组成的；在分类问题求解方面，主要采用概率神经网络，这种神经网络主要由竞争神经元和径向基神经元组成。

图 5－6 为径向基神经网络结构图，它主要由输入层、隐含层和输出层三层组成。对于 RBF 来说，输入层的作用是传递和输入信号，输出层主要对线性权进行调整，隐含层对激活函数进项调整。输入层和隐含层由于所起的作用不同，所以他们的学习策略也不同。同时，学习速度差异也较大，前者较快。

5.2.2 RBF 网络的学习算法

高斯函数是径向基神经网络中常用的径向基函数，故径向基神经网络的激活函数可表示为

$$R(x_p - c_i) = \exp\left(-\frac{1}{2\sigma^2} \| x_p - c_i \|^2\right) \tag{5-25}$$

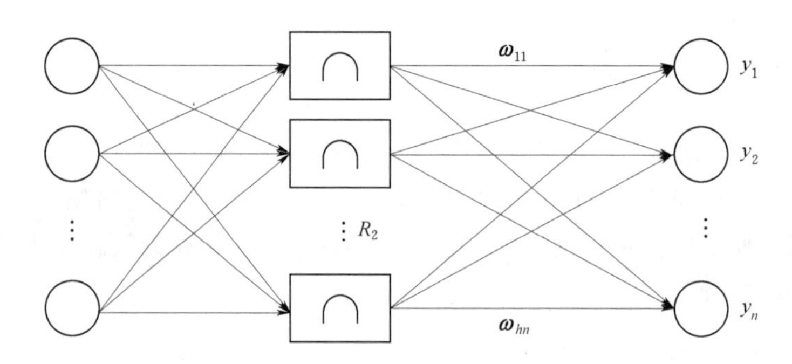

图 5-6　径向基神经网络结构

式中：$\| x_p - c_i \|$ 为欧式范数；c 为高斯函数的中心；σ 为高斯函数的方差。

由图 5-6 的径向基神经网络的结构可得到网络的输出为

$$y_j = \sum_{i=1}^{h} \omega_{ij} \exp\left(-\frac{1}{2\sigma^2} \| x_p - c_i \|^2\right) \tag{5-26}$$

式中：$x_p = (x_1^p,\ x_2^p,\ \cdots,\ x_m^p)$ 为第 p 个输入样本；$p=1,\ 2,\ \cdots,\ P$ 为样本总数；c_i 为网络隐含层结点的中心；ω_{ij} 为隐含层到输出层的连接权值；$i=1,\ 2,\ \cdots,\ h$ 为隐含层的节点数。

y_j 为与输入样本对应的网络的第 j 个输出结点的实际输出。

设 d 是样本的期望输出值，那么基函数的方差可表示为

$$\sigma = \frac{1}{p} \sum_{j}^{m} \| d_j - y_j c_i \|^2 \tag{5-27}$$

径向基神经网络具体的算法步骤如下。

（1）基于 K-均值聚类方法求解基函数中心 c_i。

1）网络初始化：随机选取 h 个训练样本作为聚类中心 $c_i (i= 1,\ 2,\ \cdots,\ h)$。

2）将输入的训练样本集合按最近邻规则分组：按照 x_p 与中心为 c_i 之间的欧式距离将 x_p 分配到输入样本的各个聚类集合 $\vartheta_p (p=1,\ 2,\ \cdots,\ P)$ 中。

3）重新调整聚类中心：计算各个聚类集合 ϑ_p 中训练样本的平均值，即新的聚类中心 c_i，如果新的聚类中心不再发生变化，则所得到的 c_i 即为 RBF 神经网络最终的基函数中心，否则返回 2)，进入下一轮的中心求解。

（2）求解方差 σ_i。

高斯函数为该 RBF 神经网络的基函数，因此方差 σ_i 可由下式求解：

$$\sigma_i = \frac{c_{\max}}{\sqrt{2h}},\quad i=1,\ 2,\ \cdots,\ h \tag{5-28}$$

式中：$c_{\max}$ 为所选取中心之间的最大距离。

（3）计算隐含层和输出层之间的权值。

通常采用最小二乘法直接计算得到隐含层至输出层之间神经元的连接权

值，计算公式如下：

$$w=\exp\left(\frac{h}{c_{\max}^{2}}\|x_{p}-c_{i}\|^{2}\right) \quad p=1, 2, \cdots, P; i=1, 2, \cdots, h \tag{5-29}$$

5.2.3 RBF 神经网络的设计与训练

RBF 神经网络输入层、输出层和 BP 神经网络层、输出层所采用的方案一样。利用函数 newbe 创建一个精确的神经网络，该函数在创建 RBF 网络时，自动选择隐藏层的数目，使得误差为 0。径向基函数的扩展函数的系数 spread 的值应尽量大，才能使径向神经元能够对输入向量所覆盖的区间都产生响应。spread 的值越大，输出的结果就会越光滑，实验中设置 spread 的值为 1.8。使用 BP 神经网络的方案一，因为径向神经网络采用硬插值，方案一和方案二所得到的结果完全一样。模型测试结果与实际结果对比见表 5-4，预测值与真实值的相对误差见图 5-7。

表 5-4　模型测试结果与实际结果对比

年份	真实降水量/10^3	预测降水量/10^3	相对误差/%
2006	0.9618	1.0930	13.6406
2007	1.2092	1.0325	14.6092
2008	1.1974	1.0441	12.8027
2009	0.9915	1.0964	10.5812
2010	1.0778	1.0910	1.2216

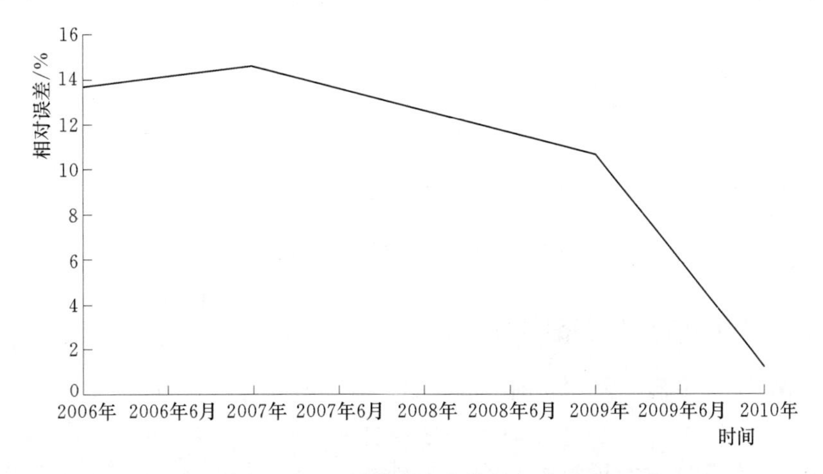

图 5-7　预测值与真实值的相对误差

5.3　Elman 神经网络

Elman 神经网络是 Jeffrey Elman 于 1990 年首先提出的，它是一种动态反馈网络。比前向神经网络具有更强的计算能力。由于 Elman 神经网络在处理贯序数据输入输出时具有优越性，因而得到了广泛的应用。

5.3.1　Elman 神经网络结构

Elman 网络由四成组成，如图 5－8 所示，分别为输入层、隐含层、承接层和输出层。其输入层、隐含层和输出层的连接类似于前馈网络，输入层的单元仅起信号传输作用，输出层单元起线性加权作用。隐含层单元的传递函数可采用线性或非线性函数，承接层又称为上下文层或状态层，承接从隐含层接受的反馈信号，用来记忆隐含层单元前一时刻的输出值，承接层神经网络经延迟与存储，再输入到隐含层。这种方式使其对历史数据具有敏感性，内部反馈网络的加入增加了网络本身处理动态信息的能力，从而达到动态建模的目的。Elman 神经网络能够以任意精度逼近任意非线性映射，可以不考虑外部噪声的具体形式，如果给出的系统的输入输出正确，就可以对系统进行建模。

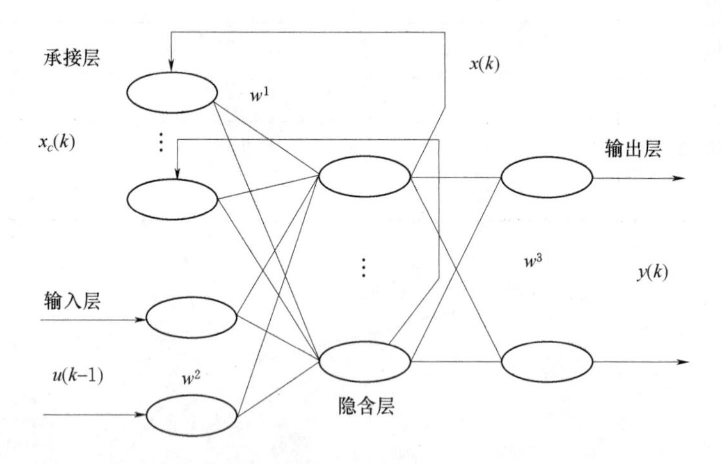

图 5－8　Elman 神经网络结构图

5.3.2　Elman 神经网络学习过程

以图 5－8 为例，Elman 网络的非线性状态空间表达式为：

$$y(k)=g[w^3x(k)] \tag{5-30}$$

$$x(k)=f\{w^1x_c(k)+w^2[u(k-1)]\} \tag{5-31}$$

$$x_c(k)=x(k-1) \tag{5-32}$$

以上式中：y、x、u、x_c 分别表示 m 维输出节点向量，n 维中间层节点单元，r 维输入向量和 n 维反馈状态向量；w^3，w^2，w^1 分别表示隐含层到输出层、输入层到隐含层、承接层到隐含层的连接权值；$g(x)$ 为输出神经元的传递函数，是隐含层的输出的线性组合；$f(x)$ 为隐含层的神经元的传递函数，是隐含层的输出的线性组合；Elman 神经网络学习指标函数采用误差平方和函数。

$$E(w)=\sum_{k=1}^{n}[y_k(w)-\tilde{y}_k(w)] \tag{5-33}$$

其中，$\tilde{y}_k(w)$ 为目标输入向量。

根据 Elman 神经网络原理，绘制 Elman 神经网络的流程图，如图 5－9 所示。

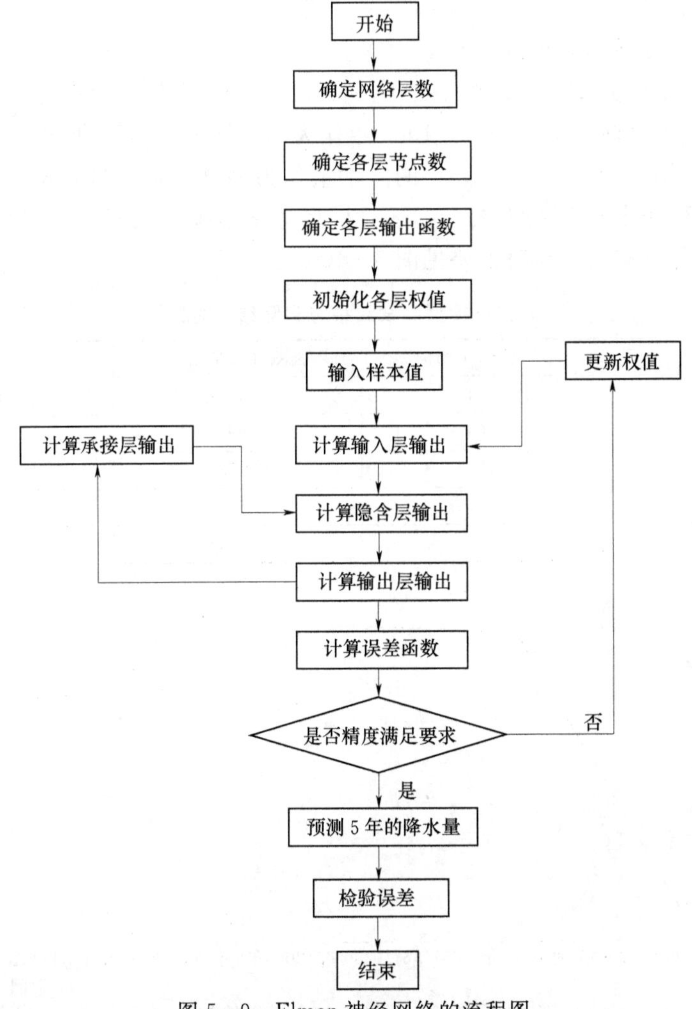

图 5－9 Elman 神经网络的流程图

5.3.3　Elman 预测模型的建立

构建的 Elman 网络共分四层：输入层、输出层和 BP 神经网络层、输出层。四层所采用的方案一样。即如果采用 BP 神经网络的分析方案一，则输入层节点数为 25，输出层节点数为 1。采用分析方案二，则输入层节点数为 25，输出层节点为 5。隐含层激活函数采用 mablab 函数 tansig，输出层激活函数采用 matlab 函数 purelin。训练函数为 traindx，反向传播神经网络学习函数为 Learngdm。Elman 神经网络的预测效果与隐含层的节点数有很大关系，本书经过反复试验结合模型实际情况取隐含层节点数为 12。

5.3.4　Elman 神经网络的训练和预测

5.3.4.1　训练样本的选取方案一

方案一中用前 25 年预测后 1 年，将 1961—1985 年作为训练样本，1986 年降水量作为目标样本。1962—1986 年作为训练样本，1987 年作为目标样本，依次类推。用 2006—2010 年 5 年的降水量作为测试样本，检验预测模型的精度，具体见 BP 神经网络方案一描述。模型测试结果与实际结果对比见表 5-5，预测值与真实值的相对误差见图 5-10。

表 5-5　　方案一模型测试结果与实际结果对比

年份	真实降水量/10^3	预测降水量/10^3	相对误差/%
2006	0.9618	0.9427	1.9828
2007	1.2092	0.9913	18.0176
2008	1.1974	0.9737	18.6809
2009	0.9915	1.1390	14.8728
2010	1.0778	0.9235	14.3197

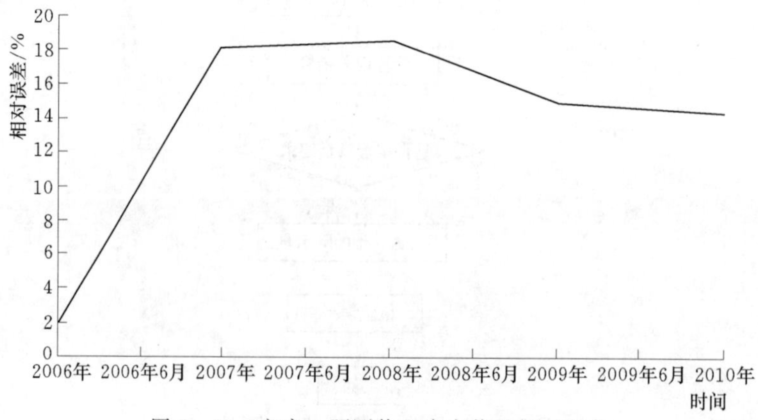

图 5-10　方案一预测值和真实值的相对误差

5.3.4.2　训练样本的选取方案二

本方案中利用前 25 年预测后 5 年，如将 1961—1985 年作为训练样本，将 1982—1986 作为目标样本。1962—1986 年作为训练样本，1983—1987 年作为目标样本，以此类推。2006—2010 年作为测试样本，检验预测模型的精度，具体见 BP 神经网络预测模型方案二描述。模型测试结果对比见表 5-6，预测值与真实值的相对误差见图 5-11。

表 5-6　　方案二模型测试结果与实际结果对比

年份	真实降水量/10^3	预测降水量/10^3	相对误差/%
2006	0.9618	0.9975	3.7117
2007	1.2092	0.9550	21.0259
2008	1.1974	0.9685	19.1185
2009	0.9915	1.1910	20.1244
2010	1.0778	1.0277	4.6474

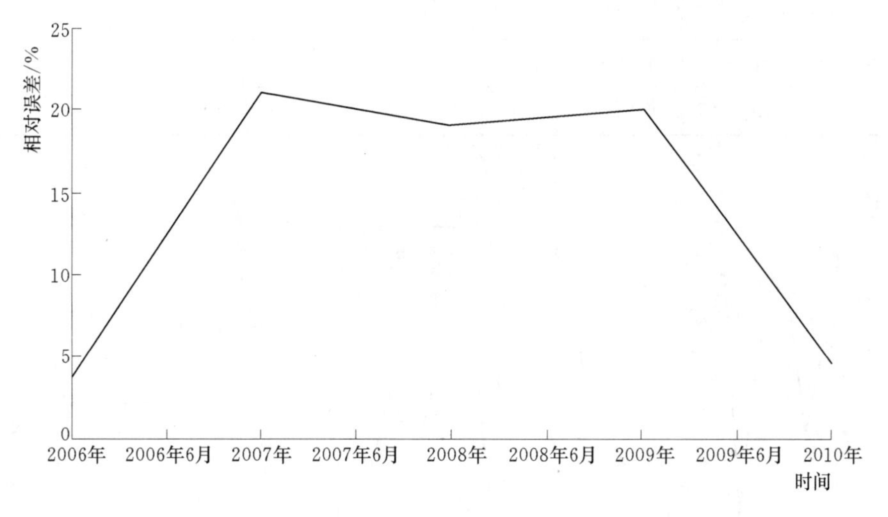

图 5-11　方案二预测值和真实值的相对误差

5.4　三种神经网络的对比分析与预测

5.4.1　5 年预测值的对比分析

为了更加直观地对比 3 种网络模型的预测效果，将每种模型 2006—2010 年预测结果做集中分析，如表 5-7 所示。历史与预测的趋势如图 5-12 所示。

由表 5-1 可知，2006—2010 年的降水量真实值分别为 0.9618、1.2092、

1.1974、0.9915 和 1.0778，对于 BP 神经网络的预测结果，可以算出它们的相对误差分别为 0.0672、0.1109、0.1712、0.1046 和 0.0308。除了 2008 年的相对误差稍大一点，其他几年都取得了较好的预测效果。由于旱情和降水量预测的复杂性，所以 2008 年 0.1712 的相对误差是完全可以接受的，预测效果较好。由表 5-7 可以看到它也是 3 种预测模型中预测效果最好的。对于 RBF 神经网络，5 年的相对误差分别为 0.1364、0.1461、0.1280、0.1058 和 0.0122，可以看到 5 年相对误差总体上较为平稳，也达到了相对较好的预测效果。对于 Elman 神经网络，2006—2010 年的相对误差为 0.0199、0.1802、0.1868、0.1488 和 0.1432，可以看到在当前的参数下，特别是隐含层的神经元数目是 12 时，Elman 的预测效果整体上要比前两种方法的预测效果差一些。

表 5-7　　三种网络的预测效果对比表

网络模型	2006 年	2007 年	2008 年	2009 年	2010 年	相对误差和/%
BP 神经网络/10^3	0.8972	1.0751	0.9924	1.0952	1.1110	48.460
RBF 神经网络/10^3	1.0930	1.0325	1.0441	1.0964	1.0910	52.855
Elman 神经网络/10^3	0.9427	0.9913	0.9737	1.1390	0.9235	67.874

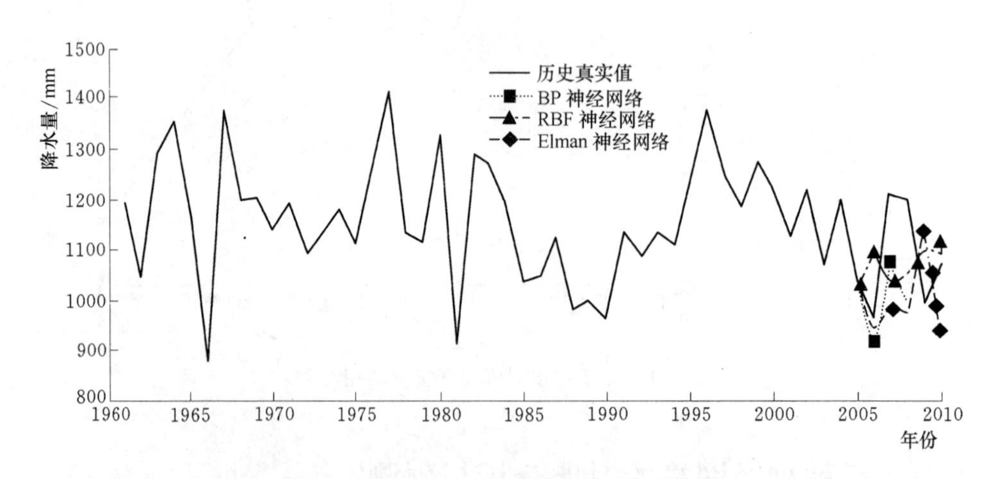

图 5-12　2006—2010 年降水量对比效果图

BP 神经网络能够大规模并行处理，良好的容错性和鲁棒性，但利用 BP 神经网络建立的预测模型因样本数据的不同，网络的性能差距有时会比较大。径向基函数（RBF）神经网络的输出层是对隐含层的线性加权，使得网络避免了像 BP 神经网络反向传播那样繁琐冗长的计算，从而使网络具有较快的运算速度和较强的非线性映射能力。同时，它还克服了学习收敛对初值的依赖性，具有最佳逼近性能和全局最优的特征。因此径向基函数（RBF）神经网络的性能要优于BP神经网络。实验结果表明它们5年的预测误差和是十分接近的，由于训练样本和检验样本的数据比较少，无法完全验证RBF神经网络从总体上要优于BP神经网络。对于Elman神经网络，其隐含层的神经元的数目最直接影响网络的性能和速度，但又是最难以确定的，只能通过不断的改变隐含层的神经元数目来不断地提高模型的精度，但是试验过程比较耗时。经过反复的实验本书中取隐含层的神经元数目为12，预测效果较另外两种方法稍差一点，若要应用此模型预测时，应与其他算法进行耦合，找到一个更加有效的确定隐含层神经元数目的方法，以提高该模型的应用效果。

5.4.2 未来5年的预测

在上一小节中，详细地分析了三种模型的性能，本节介绍用这三种模型对未来5年的降水量进行的预测，预测结果如表5-8所示，趋势图如图5-13所示。

表5-8　　三种模型未来5年预测结果

网络模型	年份				
	2011	2012	2013	2014	2015
BP神经网络/10^3	1.0196	1.1023	1.0563	1.1348	1.2531
RBF神经网络/10^3	1.1484	1.1649	1.1909	1.1524	1.3364
Elman神经网络/10^3	1.0598	0.9979	1.0862	1.0806	1.2295

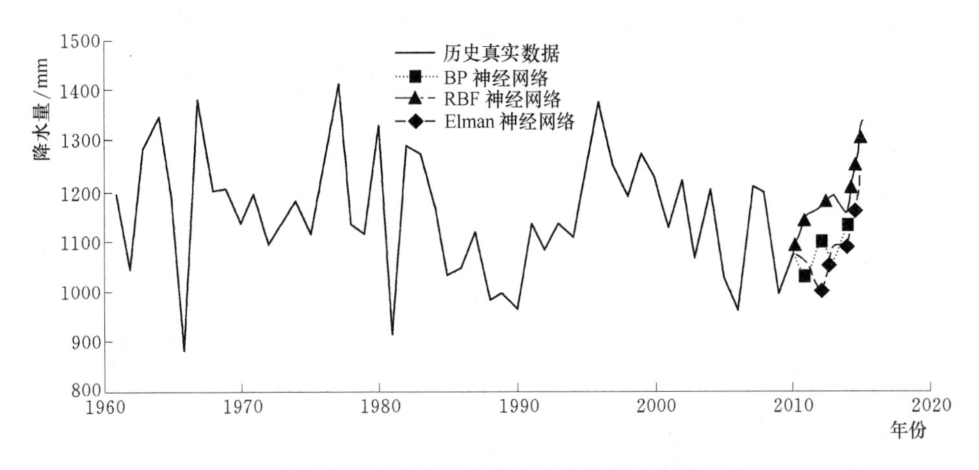

图5-13　未来5年的降水量预测对比图

5.4.3 未来旱情等级特征分析

根据预测未来 5 年的降水量，采用 Z 指标对未来研究区域旱情等级特征进行分析。Z 指标分析结果表明：2011 年达到重旱等级，2013 年达到偏旱等级，2012 年、2014 年、2015 年旱涝等级正常。事实上，2011 年和 2013 年贵州均发生严重干旱，采用年度降水量分析旱情特征，综合了各个月份或季节降水量的盈余或缺损，需要进一步分析研究区域的各个月份或者季节的旱涝情况，2013 年的干旱主要发生在夏季，重旱区域相对集中，持续时间较短，但旱灾均对经济社会的影响十分严重，已成为制约贵州社会和经济可持续发展的重要因素。同时，表明预测结果与实际较吻合，说明预测模型能够较好地反映研究区域的旱情发生规律。

5.5 本章小结

本章在研究神经网络原理的基础上，选择了具有代表性的 3 种神经网络（BP 神经网络、径向神经网络和 Elman 神经网络）模型对旱情进行了预测和分析。首先，对 3 种神经网络进行建模，如确定各层节点数、确定各层的激励函数等。模型建立后利用乌江流域 1961—2005 年的降水量数据训练网络，然后对 2006—2010 年的降水量进行预测，比较真实值进行误差的检验。对比 3 种模型的误差，BP 神经网络预测精度最高，但从总体上看 3 种模型都能够达到较好的预测效果，能够对未来的旱情进行预测。如果想进一步提高预测精度，完善模型的构建，仍有一些问题值得进一步研究，如 BP 神经网络的样本选取以及 Elman 神经网络的隐含层神经元数目的确定等。最后利用三种模型对未来 5 年的降水量进行了预测，并对未来旱情等级特征开展了分析。

第6章　使用小波分析做预处理的灰色模型预测方法研究

前几章分别介绍了用蒙特卡洛、马尔可夫链、神经网络三种模型对降水量预测进行的建模分析，为了提高预测精度，要么需要大量的样本数据，要么需要满足某种分布。本章选用的灰色模型（Grey Model）预测方法具有建模所需信息少、模型精度较高、可预测无分布特征数据等特点，在旱情预测研究领域得到了广泛应用，但其精度及稳定性较差。本章将灰色模型和小波分析相结合，优化灰色预测模型，提高了其预测精度。

本章主要包括以下内容。

（1）简单地介绍了小波分析的原理，详细地分析了灰色模型和波形预测的原理、模型构建方法以及确定了参数。

（2）用小波分析将原始的数据进行了高频和低频的分解，用灰色模型对低频分量进行预测和分析，用波形预测的方法对高频分量进行预测和分析，最后将低频分量和各高频分量进行重构，得到了最终的预测值。

（3）用构建好的模型对2006—2010年的降水量进行预测，对比真实值进行模型的检验和误差的分析。

（4）用构建好的优化模型对未来5年的降水量（2011—2015年）进行预测，分析其旱情发展规律与特征。

6.1　灰色模型原理

6.1.1　灰色系统

灰色系统是指介于白色系统（信息完全已知）和黑色系统（信息完全未知）之间，部分信息已知、部分信息未知的数据系统。灰色系统理论认为，任何随机过程都是在一定幅度范围和一定时区变化的灰色量，并把随机过程看成为灰色的过程。灰色系统通过对原始数据的一定变换处理以寻求其变化规律。灰色系统主要的特点如下。

（1）用灰色数学来处理不确定量，使之量化。

灰色系统理论认为不确定量是灰数，用灰色数学来处理不确定量，同样能使不确定量予以量化见图 6-1。

$$\text{不确定量} \xrightarrow{1,\ 2,\ 3} \text{量化（用确定量的方法研究）}$$

图 6-1　用灰色数学处理不确定量

1. 代表概率论与数理统计；2. 代表模糊数学；3. 代表灰色数学（灰色系统理论）

（2）充分利用已知信息寻求系统的运动规律。

使灰色系统白化、模型化、优化是研究灰色系统的关键问题。灰色系统视不确定量为灰色量，灰色系统建模的数学方法，能利用时间序列来确定微分方程的参数。灰色预测不是把观测到的数据序列视为一个随机过程，而是看作随时间变化的灰色量或灰色过程，通过累加生成和累减生成逐步使灰色量白化，从而建立相应于微分方程解的模型并做出预报。这样，对某些大系统和长期预测问题，实用性较强。

（3）灰色系统理论能处理贫信息系统。

灰色预测模型只要求较短的观测资料即可，这和时间序列分析、多元分析等概率统计模型要求较长资料很不一样。因此，对于某些只有少量观测数据的项目来说，灰色预测是一种有用的工具。

6.1.2　灰生成

灰色系统对原始数据按照某种要求作数据处理，以达到原始数据深入挖掘和整理、寻找数据蕴含的规律的目的。灰生成有别于一般数据处理的特点是：在保持原有序列形式的前提下，改变序列中数据的值与性质。

6.1.2.1　累加生成

设 $X^{(0)}$ 为原始序列，其维数为 $n(n \geqslant 1)$，则 $X^{(0)}$ 的表达式为

$$X^{(0)} = [x^{(0)}(1),\ x^{(0)}(2),\ \cdots,\ x^{(0)}(n)] \tag{6-1}$$

生成序列为

$$X^{(1)} = [x^{(1)}(1),\ x^{(1)}(2),\ \cdots,\ x^{(1)}(n)] \tag{6-2}$$

上标（0）表示原始序列，上标（1）表示一次累加生成序列，记作 1—AGO。

其中

$$X^{(1)}(k) = \sum_{i=0}^{k} x^{(0)}(i) = x^{(1)}(k-1) + x^{(0)}(k) \quad k = 1,\ 2,\ \cdots,\ n \tag{6-3}$$

累加生成算子可以突显表象凌乱、复杂的原始序列的确定性或规律性，只要原始序列满足非负性，其一次累加生成序列为单调不减序列。

6.1.2.2　累减生成

欲从累加生成序列中还原出原始序列，需要用其互逆的运算过程——累减生成（IAGO）。它是累加生成的逆运算。

设 $X^{(1)}$ 为原始序列，其维数为 $n(n \geqslant 1)$，则 $X^{(1)}$ 的表达式为

$$X^{(1)}=[x^{(1)}(1),\ x^{(1)}(2),\ \cdots,\ x^{(1)}(n)]$$

则生成序列为

$$X^{(0)}=[x^{(0)}(1),\ x^{(0)}(2),\ \cdots,\ x^{(0)}(n)]$$

其中

$$X^{(0)}(k)=x^{(1)}(k)-x^{(1)}(k-1) \tag{6-4}$$

累加生成和累减生成之间的关系如图 6-2 所示：

$$X^{(0)}\xrightarrow{1—AGO}X^{(1)}\xrightarrow{IAGO}X^{(0)}$$

图 6-2 累加生成和累减生成的关系图

6.1.2.3 均值生成

均值生成是将 AGO 前后相邻数据取平均值，以获得生成序列。令 $X^{(1)}$ 为 $X^{(0)}$ 的 1—AGO 生成序列。$x^{(1)}=[x^{(1)}(1),\ x^{(1)}(2),\ \cdots,\ x^{(1)}(n)]$，则

$$Z^{(1)}(k)=0.5x^{(1)}(k)+0.5x^{(1)}(k-1)\quad k=2,\ 3,\ \cdots,\ n \tag{6-5}$$

由 $Z^{(1)}(k)$ 组成的序列记为 $Z^{(1)}(k)=[Z^{(1)}(2),\ Z^{(1)}(3),\ \cdots,\ Z^{(1)}(n)]$。

6.1.3 灰色预测模型——GM(1，1)

GM(1，1) 预测模型，G 代表灰色（grey），M 代表模型（model），(1，1) 代表一阶和一个变量。

6.1.3.1 GM(1，1) 模型的参数估计

设 $X^{(0)}$ 为原始建模序列

$$X^{(0)}=[x^{(0)}(1),\ x^{(0)}(2),\ \cdots,\ x^{(0)}(n)]$$

令 $X^{(1)}$ 为 $X^{(0)}$ 的 1—AGO 序列

$$X^{(1)}=[x^{(1)}(1),\ x^{(1)}(2),\ \cdots,\ x^{(1)}(n)]$$

其中
$$x^{(k)}(k)=\sum_{i=1}^{k}x^{(0)}(i),\ k=1,\ 2,\ \cdots n$$

令 $Z^{(1)}$ 为 $X^{(1)}$ 的紧邻均值生成序列

$$Z^{(1)}(k)=[Z^{(1)}(2),\ Z^{(1)}(3),\ \cdots,\ Z^{(1)}(n)]$$

其中
$$Z^{(1)}(k)=0.5x^{(1)}(k)+0.5x^{(1)}(k-1)$$

则 GM(1，1) 的灰微分方程为

$$x^{(0)}(k)+az^{(1)}(k)=b \tag{6-6}$$

其中：a 称为发展系数；b 为灰色作用量。

设 $\hat{\alpha}=(a,\ b)^{\mathrm{T}}$，则灰微分方程的最小二乘估计参数满足

$$\hat{\alpha}=\begin{pmatrix}a\\b\end{pmatrix}=(\boldsymbol{B}^{\mathrm{T}}\boldsymbol{B})^{-1}\boldsymbol{B}^{\mathrm{T}}\boldsymbol{Y}_n \tag{6-7}$$

其中

$$\boldsymbol{B}=\begin{bmatrix}-z^{(1)}(2) & 1\\ -z^{(1)}(3) & 1\\ \cdots & \cdots\\ -z^{(1)}(n) & 1\end{bmatrix},\quad \boldsymbol{Y}_n=\begin{bmatrix}x^{(0)}(2)\\ x^{(0)}(3)\\ \cdots\\ x^{(0)}(n)\end{bmatrix}$$

6.1.3.2 GM(1，1) 模型求解

GM(1，1) 模型 $x^{(0)}(k)+az^{(1)}(k)=b$ 其参数 a、b 确定后变为已知方程，为了简化求解过程，做如下变换：

$$\frac{\mathrm{d}x^{(1)}}{\mathrm{d}t}+ax^{(1)}=b \tag{6-8}$$

为灰色微分方程 $x^{(0)}(k)+az^{(1)}(k)=b$ 的白化方程。求解该一阶微分方程可得

$$\hat{x}^{(1)}(t)=\left[x^{(1)}(0)-\frac{b}{a}\right]\mathrm{e}^{-at}+\frac{b}{a} \tag{6-9}$$

则　GM(1，1) 灰色微分方程 $x^{(0)}(k)+az^{(1)}(k)=b$ 的时间响应函数序列为

$$\hat{x}^{(1)}(k+1)=\left[x^{(1)}(0)-\frac{b}{a}\right]\mathrm{e}^{-ak}+\frac{b}{a}\quad k=0,1,2,k,\cdots,n-1 \tag{6-10}$$

取 $x^{(1)}(0)=x^{(1)}(1)$，则

$$\hat{x}^{(1)}(k+1)=\left[x^{(0)}(1)-\frac{b}{a}\right]\mathrm{e}^{-ak}+\frac{b}{a}\quad k=0,1,2,k,\cdots,n-1 \tag{6-11}$$

还原值为

$$\hat{x}^{(0)}(k+1)=\hat{x}^{(1)}(k+1)-\hat{x}^{(1)}(k) \tag{6-12}$$

6.1.4 GM(1，1) 模型检验

6.1.4.1 残差检验

设原始序列为 $X^{(0)}=[x^{(0)}(1),x^{(0)}(2),\cdots,x^{(0)}(n)]$，预测模型得到的序列为 $X^{(0)}=[x^{(0)}(1),x^{(0)}(2),\cdots,x^{(0)}(n)]$，则定义绝对误差序列为

$$\Delta^{(0)}=[\Delta^{(0)}(1),\Delta^{(0)}(2),\cdots,\Delta^{(0)}(n)] \tag{6-13}$$

其中

$$\Delta^{(0)}(i)=|x^{(0)}(i)-\hat{x}^{(0)}(i)|\ i=1,2,k,\cdots,n \tag{6-14}$$

相对误差序列为

$$\phi=(\phi_{(1)},\phi_{(2)},\cdots,\phi_{(n)}) \tag{6-15}$$

其中

$$\phi_i=\left[\frac{\Delta^{(0)}(i)}{x^{(0)}(i)}\right]\times 100\%\quad i=1,2,k,\cdots,n \tag{6-16}$$

平均相对误差为

$$\bar{\phi}=\frac{1}{n}\sum_{i=1}^{n}\phi_i \tag{6-17}$$

6.1.4.2 关联度检验

关联分析实质上是一种曲线间几何形状的分析比较，即几何形状越接近，则发展变化趋势越接近，关联程度越大；反之亦然。

1. 关联系数的计算

设参考序列为 $X_0=[x_0(1), x_0(2), \cdots, x_0(n)]$，比较序列为 $X_i=[x_i(1), x_i(2), \cdots, x_i(n)]$，则关联系数定义为

$$\eta_i(k)=\frac{\min_j \min_i |x_0(l)-x_j(l)|+P\max_j \max_i |x_0(l)-x_j(l)|}{|x_0(k)-x_j(k)|+P\max_j \max_i |x_0(l)-x_j(l)|} \tag{6-18}$$

其中：$|x_0(k)-x_i(k)|$ 为第 k 点 x_0 与 x_i 的绝对差；$\min_j \min_i |x_0(l)-x_j(l)|$ 为两级最小差；$\max_j \max_i |x_0(l)-x_j(l)|$ 为两级最大差；P 称为分辨率，$0<P<1$，一般采用 $P=0.5$。

对单位不一，初值不同的序列，在计算关联系数之前应首先进行初始化，即将该序列的所有数据除以第一数据，将变量化为无单位的相对数值。

2. 关联度的计算

关联系数只表示了各个时刻参考序列和比较序列之间的关联程度，为了从总体上了解序列之间的关联程度，必须求出它们的时间平均值，即关联度。关联度的公式为

$$r_i=\frac{1}{n}\sum_{k=1}^{n}\eta_i(k) \tag{6-19}$$

根据以往经验，关联度大于 0.6 便是满意的。

6.1.4.3 后验比检验

计算原始序列的均值和均方差，即

$$\bar{x}^{(0)}=\frac{1}{n}\sum_{i=1}^{n}x^{(0)}(i),\quad S_1=\left(\frac{\sum_{i=1}^{n}[x^{(0)}(i)-\bar{x}^{(0)}]^2}{n-1}\right)^{\frac{1}{2}}$$

计算参差的均值和均方差，即 $\bar{\Delta}=\frac{1}{n}\sum_{i=1}^{n}\Delta^{(0)}(i)$，$S_2=\left(\frac{\sum_{i=0}^{n}[\Delta^{(0)}(k)-\bar{\Delta}]^2}{n-1}\right)^{1/2}$，

则方差比 C 为

$$C=\frac{S_1}{S_2} \tag{6-20}$$

计算小误差概率

$$P = P\{|\Delta^{(0)}(i) - \overline{\Delta}| < 0.6745S_1\} \tag{6-21}$$

方差比和最小误差概率的误差检验模型具体等级划分如表 6－1 所示。

表 6－1　等级划分表

P	C	模型精度
>0.95	<0.35	优
>0.80	<0.5	合格
>0.70	<0.65	勉强合格
<0:70	>0.65	不合格

6.1.5　光滑性检验

对于连续函数，若函数上点处处可导，则该函数为光滑函数，对于离散序列无法用导数的方法定义其光滑性，可以通过下面的定理判断序列的准光滑性。

设 n 维原始序列 $X^{(0)} = [x^{(0)}(1), x^{(0)}(2), \cdots, x^{(0)}(n)]$，则

$$\rho(k) = \frac{x(k)}{\sum_{i=1}^{k-1} x(i)}, \quad k = 2, 3, \cdots, n \tag{6-22}$$

式中：$\rho(k)$ 为序列 $X^{(0)}$ 的光滑比，光滑比可从侧面反映序列的光滑性，若序列 $X^{(0)}$ 满足下面三个条件，则称序列 $X^{(0)}$ 为准光滑序列。

(1)
$$\rho b(k) = \frac{\rho(k+1)}{\rho(k)} < 1, \quad k = 2, 3, \cdots, n-1 \tag{6-23}$$

(2)
$$\rho(k) = \in [0, \varepsilon], \quad k = 3, 4, \cdots, n \tag{6-24}$$

(3)
$$\varepsilon < 0.5$$

6.2　小波原理

6.2.1　小波变换与其快速算法

自 1822 年，Fourier 发表《热传导解析理论》以来，傅里叶变换一直是信号处理领域中最完美、应用最广泛、效果最好的一种分析手段。但傅里叶变换只是一种纯频域的分析方法，它在频域的定位性是完全准确的（即频域分辨率最高），而在时域无任何定位性（分辨能力），即：傅里叶变换所反映的是整个信号全部时间下的集体频域特征，而不能提供任何局部时间段上的频率分析。由于此局限，人们对傅里叶变换进行了各种改进，由此产生了小

波分析。

6.2.1.1 小波变换原理

将每个时间段内的旱情特征信号与小波窗函数内积，便得到小波系数，小波变换为下式

$$Wf(u,s)=\langle f(t),\psi_{u,s}(t)\rangle \tag{6-25}$$

其中：$\psi_{u,s}(t)$ 为小波窗函数，$\psi_{u,s}(t)$ 由小波函数 $\psi(t)$（或称作小波基、母小波）经伸缩、平移后获得，称之为尺度变换与时移，其公式为

$$\psi_{u,s}(t)=\frac{1}{\sqrt{s}}\psi\left(\frac{t-u}{s}\right) \tag{6-26}$$

其中：s、u 分别表示变换的尺度和时移量。

母小波 $\psi(t)$ 需要满足式（6－27），即从负无穷到正无穷积分为零（均值为零）的 $L^2(R)$ 函数：

$$\int_{-\infty}^{\infty}\psi(t)\mathrm{d}t=0 \tag{6-27}$$

由式（6－25）小波变换公式可知，小波分解方法分析信号类似傅里叶变换，其本质都是信号投影到基空间，傅里叶变换的基空间是频率连续的、正交的正弦函数。而小波变换的基空间在时域紧支、在频域是负无穷大到正无穷大、且形状不定，其时频范围与变换尺度有关，尺度越小对应的时间支集越短，而频率范围越广，用于分析信号的短时间段内的周期特性；尺度越大对应的时间支集越长，而频率范围越窄，用于分析信号的长时间段内的周期特性。

由式（6－28）限定的小波函数傅里叶变换 $\psi(\omega)$ 的容许性条件为

$$\int_{0}^{\infty}\frac{|\hat{\psi}(\omega)|^2}{\omega}\mathrm{d}\omega<+\infty \tag{6-28}$$

由其容许性条件可知，当频率趋于 0 时，$\psi(0)=0$ 即对应式（6－27）小波函数零值平均条件；当频率趋于无穷大时 $\psi(\infty)=0$，说明小波基是一个带通滤波器，改变小波尺度的大小即改变了带通滤器的频带范围，尺度越大频带范围越窄，反之亦然。对应的每一尺度下的小波变换系数，反映了待分析信号在对应通带的周期或频率信息。

6.2.1.2 小波变换的快速算法

小波分解运算复杂，随着其尺度的变小，运算量剧增，在工程中很难应用。为了实现小波变换的工程应用，其数字化快速算法尤为重要。连续小波变换的快速算法是快速傅里叶变换算法；二进小波变换快速运算是多孔算法；正

交离散小波变换对应的快速算法是 Mallat 算法。

(1) 连续小波快速算法。

由上述分析可知，式 (6－25) 定义的连续小波变换其实质是信号与小波函数的卷积运算，因此可以通过 FFT 实现小波的快速运算，其变换尺度 s 一般取整数，时移变量 u 取值连续，因此连续小波分解具有平移不变的特性，但是冗余度极高，如果尺度 s 和平移量 u 均匀采样变换，会破坏连续小波变换的平移不变性。

(2) 二进小波快速算法。

为构造平移不变小波变换，以二进序列 2^j 采样的方式实现尺度 s 的离散化，同时保持平移参数 u 连续，即得到了式 (6－29) 定义的二进小波变换。二进小波变换的快速算法通过多孔算法实现，但是二进小波变换仍然存在冗余。

$$Wf(u,\ 2^j)=\int_{-\infty}^{+\infty} f(t)\ \frac{1}{\sqrt{2^j}}\psi^*\left(\frac{t-u}{2^j}\right)\mathrm{d}t=f(u)*\bar{\psi}_{2^j}(u) \tag{6-29}$$

其中：$\bar{\psi}_{2^j}(u)=\dfrac{1}{\sqrt{2^j}}\psi^*\left(-\dfrac{u}{2^j}\right)$。

(3) 正交离散小波快速算法。

正交离散小波变换的定义为式 (6－30)，是尺度 s 与平移量 u 均二进离散化的小波变换。

$$Wf(2^jk,\ 2^j)=2^{-j/2}\sum_{n=-\infty}^{\infty} f(n)\psi^*(2^{-j}n-k) \tag{6-30}$$

离散小波变换具有平移不变的特性而且不存在冗余。母小波的伸缩、平移族 $\psi_{j,n}(t)$ 是由式 (6－31) 定义的 $L^2(R)$ 上的一组规范正交基

$$\left\{\psi_{j,n}(t)=\frac{1}{\sqrt{2^j}}\psi\left(\frac{t-2^jn}{2^j}\right)\right\}_{(j,\ n)\in Z^2} \tag{6-31}$$

Mallat 算法可以实现离散小波的快速算法，该算法将小波变换与正交镜像滤波器组关联起来，运算量可以实现从 $O(N\log N)$ 降到 $O(N)$，以一个 64 点信号分析为例，计算量从 384 数量级降低到 64，点数越多节约的运算量越可观。Mallat 算法实现的过程是，当计算某尺度为 2^j (分辨率为 2^{-j}) 的小波系数 $d_j[n]$，可以不直接计算信号在 2^j 尺度下与母小波的内积，而只需将下一个小尺度 2^{j-1}下 (对应的分辨率更高为 2^{-j+1}) 的概貌逼近 $a_{j-1}[n]=\langle f,\ \phi_{j-1,n}\rangle$ 经过一个低通滤波器 $\bar{h}$ 和一个高通滤波器 $\bar{g}$ 进行滤波，就可以得到尺度 2^j 下的概貌 $a_j[n]$ 和细节 $d_j[n]$；同理，尺度 2^{j-1}下的概貌逼近 $a_{j-1}[n]$ 又可由下一级更小尺度 2^{j-2}下概貌逼近 $a_{j-2}[n]$，分别通过低通和高通滤波器获

得。同样计算，直到最后最小尺度 2^0 下求解概貌逼近 $a_0[n]$，一般情况下经常应用原信号的采样作为 $a_0[n]$ 的近似，因此通过 Mallat 快速算法计算小波分解公式为

$$a_{j+1}[p]=\sum_{n=-\infty}^{\infty}h[n-2p]a_j[n]=a_j^{*}\bar{h}[2p] \tag{6-32}$$

$$d_{j+1}[p]=\sum_{n=-\infty}^{\infty}g[n-2p]a_j[n]=a_j^{*}\bar{g}[2p] \tag{6-33}$$

Mallat 算法实现小波分解的过程如图 6-3（a）所示，a_j 分别与低通滤波器 $\bar{h}$、高通滤波器 $\bar{g}$ 进行卷积后每隔一项作降采样，获得 a_{j+1} 和 d_{j+1}。低通滤波器滤除 a_j 中的高频部分，而高通滤波器获取 a_j 中余下的高频部分。

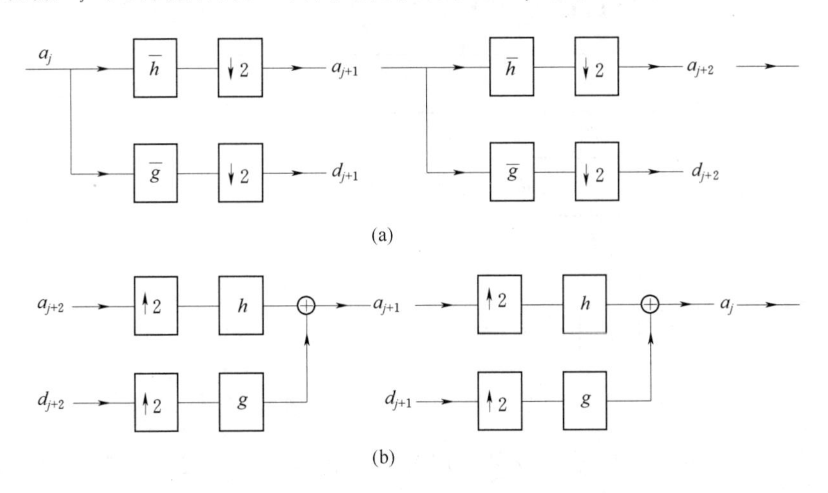

图 6-3 Mallat 算法小波分解与重构图

Mallat 算法小波重构公式定义为式（6-34），由图 6-3（b）可知，重构过程是插零补充升采样，获得的 a_{j+1} 和 d_{j+1} 再经过高通和低通滤波器的滤波。

$$\begin{aligned}a_j[p]&=\sum_{n=-\infty}^{\infty}h[p-2n]a_{j+1}[n]+\sum_{n=-\infty}^{\infty}g[p-2n]d_{j+1}[n]\\&=\check{a}_{j+1}h[p]+\check{d}_{j+1}g[p]\end{aligned} \tag{6-34}$$

6.2.2 降水量周期性及突变性小波分析原理

由于降水量数据一般波动较大，直接利用灰色模型对其进行预测很难取得较高的模拟精度和预测精度，本优化方案核心思想是利用小波分解能力先将降水量数据分解为不同频率成分，分别对不同频率成分建立不同的预测模型，从而减少数据非光滑性所引起的预测误差。小波变换通过对非稳态降水量信号的

逐级分解，通过其低频分量获取降水量信号的周期特性，使用灰色模型建模；通过高频分量获取降水量信号的突变特性，使用波形预测后再用灰色模型建模。

小波分解可以将历年降水量逐级分解，其多分辨率分解的树状示意图如图 6-4 所示，图中顶端信号为待分析信号 x，离散小波运算分别将信号的高低频分量进行逐级分解，首先小波第一层分解将原信号分解为高频和低频两部分；其次小波第二层分解将第一层分解的低频分量分解成高频和低频两部分；以此类推，依次对上一级的低频分量做分解，一直分解到最后的 i 层。

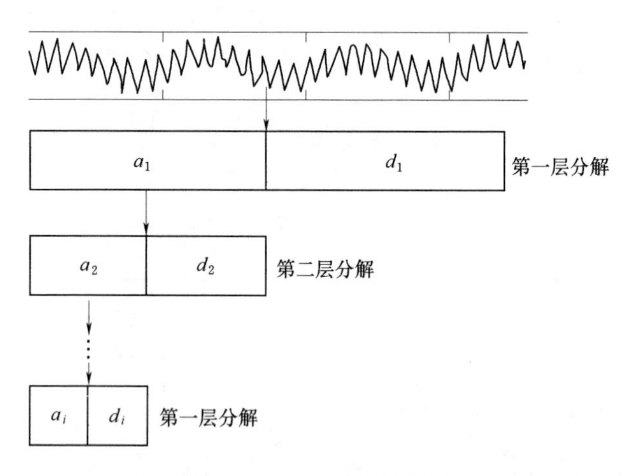

图 6-4　小波分解示意图

其中：a_1 表示原信号小波第一层分解的低频部分，也称为概貌部分；d_1 表示第一层小波分解的高频部分，也称为细节部分；a_2 表示原信号小波第二层分解的低频部分；d_2 表示第二层小波分解的高频部分；a_i 表示原信号小波第 i 层分解的低频部分，d_i 表示第 i 层小波分解的高频部分。信号的重构是通过累加最底层分解的低频分量 a_i、高频分量 d_i、上 $i-1$ 级高频分量获得，即

$$x = a_i + d_i + \cdots + d_2 + d_1 \tag{6-35}$$

信号小波分解中最底层分解的低频分量，包含了原信号中最小的频率成分，即最大的周期成分，对于由历年降水量分解的最底层低频分量，包含了降水量变化的最大周期，即变化趋势。降水量趋势小波分析原理示意图如图 6-5 所示，对乌江水系 1980—2005 年降水量信号进行 2 层小波分解，其中，第一层为高频分量 d_1，包含了原始数据细节数据，第一层低频分量分解成第二层，第二层低频分量 a_2，包含着原信号变化的最大周期特性或趋势，第二层高频分量 d_2，包含了第一层低频数据的细节数据。

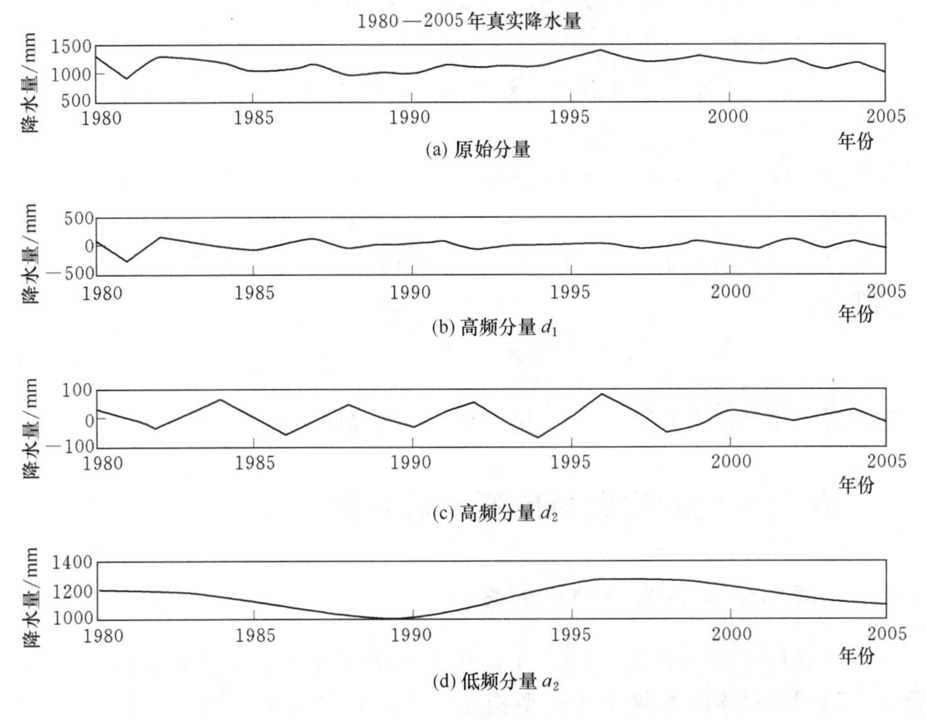

图 6-5 降水量趋势小波分析示意图

6.3 波形理论

由于高频分量波动较大，难以找到合适的模拟模型，灰色模型也不能够适用，因此应对高频部分进行波形预测，根据原始数据的波形特征预测未来行为数据发展变化的波形。选定不同的等高时刻序列 ξ_i 与原始数据波形的交点数据作为原数据 $Q_i^{(0)}$，分别对 $Q_i^{(0)}$ 作灰色预测，最终得到整个波形的预测。

定义 1 设原始序列为 $x=[x(1), x(2), \cdots, x(n)]$，则称

$$x_k=x(k)+(t-k)[x(k+1)-x(k)] \tag{6-36}$$

为序列 x 的 k 段折线图形，称

$$\{x_k=x(k)+(t-k)[x(k+1)-x(k)] \mid k=1, 2, \cdots, n-1\} \tag{6-37}$$

为序列 x 的折线，仍记为 x，即

$$x=\{x_k=x(k)+(t-k)[x(k+1)-x(k)] \mid k=1, 2, \cdots, n-1\} \tag{6-38}$$

定义 2 设 $\sigma_{\max}=\max\limits_{1\leqslant k\leqslant n}\{x(k)\}$，$\sigma_{\min}=\min\limits_{1\leqslant k\leqslant n}\{x(k)\}$

(1) 对于 $\forall \xi \in [\sigma_{\min}, \sigma_{\max}]$，称 $x=\xi$ 为 ξ 的等高线；

(2) 称方程组

$$\begin{cases} x=\{x_k=x(k)+(t-k)[x(k+1)-x(k)] \mid k=1, 2, \cdots, n-1\} \\ x=\xi \end{cases}$$

的解 $[t_i, x(t_i)](i=1, 2, \cdots)$ 为 ξ 等高点。其中，ξ 等高点是折线 x 与 ξ 等高线的交点。

显然，根据如上定义，可以得到如下结论，若 x 的折线上有 ξ 的等高点，则其坐标为

$$\left(i+\frac{\xi-x(i)}{x(i+1)-x(i)}, \xi\right) \tag{6-39}$$

对等高时刻序列建立 GM(1，1) 模型来预测等高时刻的预测值。

6.4　灰色模型的建立与预测效果分析

6.4.1　降水量灰色模型预测方案

本节以乌江流域 1980—2005 年，共 26 年降水量数据为实验数据，结合灰色预测模型，探索降水量预测模型构建方法和预测架构。模型确定后，预测 2006—2010 年的降水量，对比真实数据进行误差检验和分析。具体步骤如下，预测模型流程图如图 6-6 所示。

(1) 原始数据预检验。

实验选取乌江流域 1980—2005 年，共 26 年的降水量数据作为原始数据，对数据序列的准光滑性进行检验：如果检验合格可直接进行灰色建模、预测；如果不合格，则对原始数据进行小波分解。

(2) 小波分解。

选取合适的母小波，对原始序列作小波分解，分别将分解得到的低频分量及高频分量作为原始序列，并对其做不同的建模与预测。分解层数由低频分量是否满足准光滑性为判断依据，即一直分解到低频分量可进行灰色建模为止。

(3) 低频分量的灰色建模。

根据紧邻均值矩阵和原始序列矩阵，用最小二乘法估计出发展系数和灰色作用量，根据发展系数确定不同的灰色模型；求解模型的时间响应，从而得到一阶累加序列的模拟值，再通过一阶累减运算获取原始序列的模拟值，对其进行误差检验，如果检验合格则进行预测；如果检验不合格则采用残差序列重新建模并预测。

(4) 高频分量的波形预测。

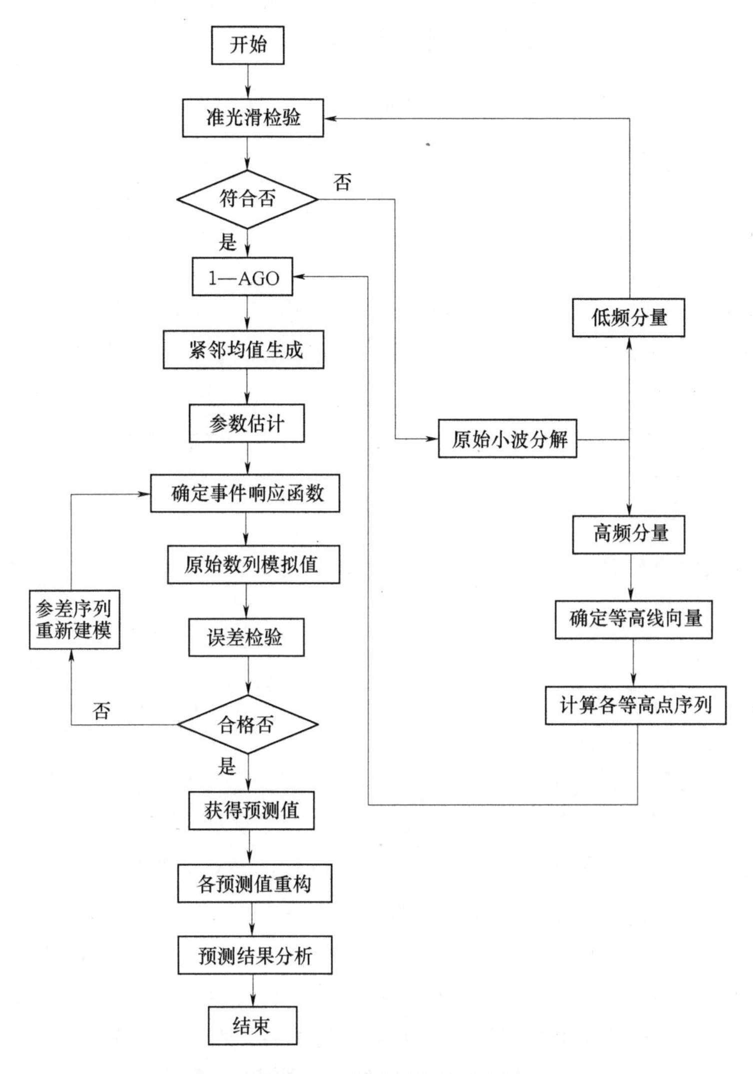

图 6-6 预测模型流程图

由于高频分量波动较大，难以找到合适的模拟模型，因此对高频部分进行波形预测。根据原始数据的波形特征预测未来行为数据发展变化的波形。选定不同的等高时刻序列 ξ_i 与原始数据波形的交点数据作为原数据 $Q_i^{(0)}$，分别对 $Q_i^{(0)}$ 作灰色预测，最终得到整个波形的预测。

（5）预测效果检验。

利用构建好的模型，分别得到高频分量和低频分量 2006—2010 年的预测值，将它们重构为原始数据的预测值，对比原始数据的真实值分析误差以及算法的优劣性。

6.4.2　原始序列光滑度检验与小波分解

由于灰色模型的数据处理方法通常是累加生成、累减还原，由此建立起来的灰色模型，其精度往往较差而不能满足实际要求。生成数据模型的精度除与模型结构有关外，很大程度上取决于原始序列的光滑度，原始序列光滑度越高，建立的模型精度就越高；反之，模型的精度就难达到满意的效果，因此对原始数据光滑度的检验就尤为重要。

计算原始序列 $\rho(k)$ 和 $\rho b(k)$ 对应表 6－2，由表 6－2 可知当 $k=12$，16，17，20，23，25 时 $\rho b(k)>1$，由式（6－2）可知，原始序列不满足准光滑性检验。

表 6－2　　原始序列的 $\rho(k)$ 和 $\rho b(k)$ 对应表

k	2	3	4	5	6	7	8	9	10
$\rho(k)$	0.6862	0.5762	0.3599	0.2467	0.1723	0.1489	0.1390	0.1068	0.0979
$\rho b(k)$		0.8397	0.6247	0.6855	0.6983	0.8642	0.9337	0.7683	0.9170
k	11	12	13	14	15	16	17	18	19
$\rho(k)$	0.0860	0.0936	0.0814	0.0790	0.0715	0.0747	0.0772	0.0646	0.0580
$\rho b(k)$	0.8777	1.0887	0.8701	0.9703	0.9050	1.0442	1.0337	0.8372	0.8983
k	20	21	22	23	24	25	26		
$\rho(k)$	0.0589	0.0532	0.0466	0.0483	0.0403	0.0437	0.0356		
$\rho b(k)$	1.0145	0.9043	0.8747	1.0366	0.8337	1.0852	0.8142		

由于原始序列不满足准光滑性检验，先利用 dmey 小波将 26 年的降水量进行分解。并对分解后的低频分量进行准光滑性检验。直到通过检验，小波才停止分解。经过一次分解后得到的低频分量如表 6－3 的第 3 列所示，由第 4 列可知当 $k=16$、17 时，$\rho b(k)>1$，故该低频序列未通过准光滑度的检验。经过第二次分解后的低频分量如第 6 列所示。由第 7 列和第 8 列可知，两个序列分别满足 $\rho b(k)>1$，$\rho(k)<0.5$，故经过两次分解后的低频分量满足准光滑度的检验。

表 6－3　　小波分解各层低频分量检验结果

k	年份	$ca1$			$ca2$		
		$X^{(0)}(10^3)$	$\rho b(k)$	$\rho(k)$	$X^{(0)}$	$\rho b(k)$	$\rho(k)$
1	1980	1226.0	—	—	1197.3	—	—
2	1981	1198.5	—	0.9775	1199.0	—	1.0014
3	1982	1157.7	0.4885	0.4775	1194.6	0.4978	0.4985
4	1983	1199.8	0.7014	0.3349	1180.6	0.6595	0.3288
5	1984	1219.9	0.7616	0.2551	1155.6	0.7366	0.2422

续表

k	年份	$ca1$			$ca2$		
		$X^{(0)}(10^3)$	$\rho b(k)$	$\rho(k)$	$X^{(0)}$	$\rho b(k)$	$\rho(k)$
6	1985	1120.9	0.7321	0.1867	1120.9	0.7809	0.1891
7	1986	1018.2	0.7654	0.1429	1081.2	0.8112	0.1534
8	1987	1027.2	0.8827	0.1262	1043.2	0.8365	0.1283
9	1988	1055.2	0.9122	0.1151	1014.6	0.8620	0.1106
10	1989	1005.0	0.8541	0.0983	1002.5	0.8897	0.0984
11	1990	976.3	0.8844	0.0869	1011.2	0.9183	0.0904
12	1991	1059.2	0.9982	0.0868	1040.8	0.9440	0.0853
13	1992	1140.3	0.9905	0.0860	1086.8	0.9621	0.0821
14	1993	1121.5	0.9057	0.0779	1140.8	0.9701	0.0796
15	1994	1119.3	0.9259	0.0721	1193.1	0.9687	0.0771
16	1995	1233.2	1.0277	0.0741	1234.8	0.9608	0.0741
17	1996	1334.6	1.0076	0.0746	1260.1	0.9501	0.0704
18	1997	1293.3	0.9018	0.0673	1267.4	0.9397	0.0662
19	1998	1206.6	0.8741	0.0588	1258.7	0.9315	0.0616
20	1999	1205.4	0.9435	0.0555	1237.9	0.9264	0.0571
21	2000	1233.2	0.9692	0.0538	1209.9	0.9246	0.0528
22	2001	1194.2	0.9189	0.0494	1179.0	0.9256	0.0489
23	2002	1136.5	0.9069	0.0448	1149.0	0.9291	0.0454
24	2003	1130.6	0.9520	0.0427	1122.9	0.9349	0.0424
25	2004	1128.7	0.9575	0.0409	1103.5	0.9427	0.0400
26	2005	1081.8	0.9208	0.0376	1092.8	0.9523	0.0381

6.4.3　灰色模型预测低频分量

灰色模型建模中不一定需要运用全部数据进行建模，可在原始数据中选取一部分数据建模，选取数据不同，建立的模型也不同，即使建立同类的GM(1，1)模型，参数估计值也不相同。在研究中经过反复的试验及结合原始数据的特点，认为当序列的长度为 9 的时候最为合适，既做到了平均误差较小，又充分地利用了原始数据。

(1) 参数估计与建模。

利用表 6-3 第 6 列的数据进行灰色建模和预测，则矩阵 $\boldsymbol{B}$ 和 $\boldsymbol{Y}$ 分别为

$$B=\begin{bmatrix}-Z^{(1)}(2) & 1\\ -Z^{(1)}(3) & 1\\ \cdots & \cdots\\ -Z^{(1)}(n) & 1\end{bmatrix}=\begin{bmatrix}-1896.8 & 1\\ -3145.1 & 1\\ \cdots & \cdots\\ -1007.5 & 1\end{bmatrix},\quad \boldsymbol{Y}_n=[1258.7,\ 1237.9,\ \cdots,\ 1092.8]^{\mathrm{T}}$$

最小二乘参数估计，计算参数 $\hat{a}=\begin{pmatrix}a\\b\end{pmatrix}=(\boldsymbol{B}^{\mathrm{T}}\boldsymbol{B})^{-1}\boldsymbol{B}^{\mathrm{T}}\boldsymbol{Y}=[0.0217\quad 1301.0]^{\mathrm{T}}$

根据式（6－8）确定灰色模型为

$$\frac{\mathrm{d}x^{(1)}}{\mathrm{d}t}+0.0217x^{(1)}=1301.0$$

（2）模型求解。

模型的时间响应为

$$\hat{x}^{(1)}(k+1)=\left[x^{(0)}(1)-\frac{b}{a}\right]\mathrm{e}^{-ak}+\frac{b}{a}=-58723\mathrm{e}^{-0.0212k}+59991$$

（3）序列模拟。

由上面的公式求得 $X^{(1)}$ 的模拟值为：$\hat{X}^{(1)}=(1267.4,\ 2527.3,\ \cdots,\ 10620.8)$，由式（6－12）得还原序列的模拟值 $\hat{X}^{(0)}=(1267.4,\ 1259.8,\ \cdots,\ 1082.4)$。序列 $X^{(1)}$，$X^{(0)}$ 的模拟值结果如表 6－4 所示，原始序列的模拟值效果图如图 6－7 所示。

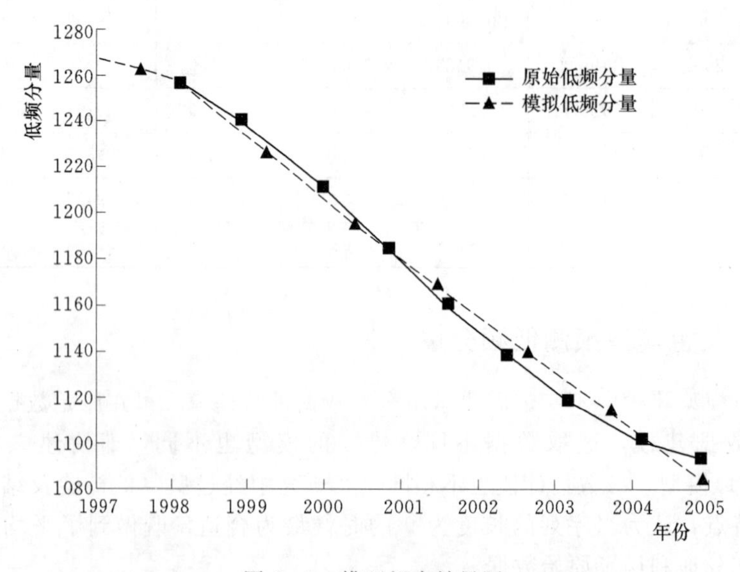

图 6－7　模型拟合效果图

（4）误差检验。

根据残差公式和相对误差公式计算参差和相对误差如表 6－4 所示，其平均相对误差为 0.0037，可见该模型的模拟效果较好。

由式（6－19）可知方差比为 $C=\frac{S_1}{S_2}=0.0507$，由公式可知小误差概率为 1，由表 6－1 可知该模型属于优秀的级别，可以用来预测。

由公式可得关联系数 $\eta(k)$ 如表 6－4 第 8 列所示，由关联系数计算公式所示则 $r_i=\frac{1}{n}\sum_{k=1}^{n}\eta_i(k)=0.63201$，关联系数的计算结果令人满意。

表 6－4　　$X^{(0)}$ 的模拟值结果

k	年份	$X^{(0)}$	$X^{(1)}$模拟值	$X^{(0)}$模拟值	绝对误差/%	相对误差/%	$\eta(k)$
1	1997	1267.4	1267.4	1267.4	0.0	0.0000	1.0000
2	1998	1258.7	2527.3	1259.8	1.1	0.0009	0.8239
3	1999	1237.9	3760.0	1232.8	5.1	0.0042	0.5047
4	2000	1209.9	4966.4	1206.3	3.5	0.0029	0.5966
5	2001	1179.0	6146.8	1180.5	1.5	0.0012	0.7815
6	2002	1149.0	7302.0	1155.1	6.2	0.0054	0.4597
7	2003	1122.9	8432.3	1130.4	7.4	0.0066	0.4139
8	2004	1103.5	9538.4	1106.1	2.6	0.0024	0.6672
9	2005	1092.8	10620.8	1082.4	10.5	0.0096	0.3333

6.4.4　利用波形预测高频分量

对 1980—2005 年共 26 年的降水量数据用小波分解所得到的高频分量 cd1 和 cd2 波形如图 6－8 所示，1980 年的高频分量用于波形插值中使用，其余 25 年的高频分量用于波形预测，分别对应的序号为 cd1、cd2、cd3…cd25。

以高频分量 cd1 为例，介绍波形预测的过程与算法。高频分量 cd2 计算方法同理。

对于 cd1 高频分量，取等高点分别为

$$\xi_1=-90,\ \xi_2=-80,\ \xi_3=-70,\ \xi_4=-60,\ \xi_5=-50,$$
$$\xi_6=-40,\ \xi_7=-30,\ \xi_8=-20,\ \xi_9=-10,\ \xi_{10}=0,$$
$$\xi_{11}=10,\ \xi_{12}=20,\ \xi_{13}=30,\ \xi_{14}=40,\ \xi_{15}=50,$$
$$\xi_{16}=60,\ \xi_{17}=70,\ \xi_{18}=80,\ \xi_{19}=90$$

各个等高点对应的等高时刻分别为

$\xi_1=-90\quad Q_1^{(0)}=\{q_1(k)\}_1^1=(1.47)$

$\xi_2=-80\quad Q_2^{(0)}=\{q_2(k)\}_2^3=(1.49,\ 4.86,\ 5.07)$

$\xi_3=-70 \quad Q_3^{(0)}=\{q_3(k)\}_3^5=(1.51, 4.67, 5.15, 7.98, 8.04)$

$\xi_4=-60 \quad Q_4^{(0)}=\{q_4(k)\}_4^9=(1.54, 4.49, 5.24, 7.92, 8.20, 20.82, 21.07, 22.97, 23.03)$

$\xi_5=-50 \quad Q_5^{(0)}=\{q_5(k)\}_5^{14}=(1.56, 4.31, 5.33, 7.86, 8.35, 11.93, 12.13, 16.98, 17.06, 20.65, 21.13, 22.90, 23.11, 24.93)$

$\xi_6=-40 \quad Q_6^{(0)}=\{q_6(k)\}_6^{14}=(1.58, 4.12, 5.41, 7.80, 8.51, 11.86, 12.27, 16.87, 17.37, 20.47, 21.20, 22.83, 23.18, 24.86)$

$\xi_7=-30 \quad Q_7^{(0)}=\{q_7(k)\}_7^{14}=(1.61, 3.97, 5.50, 7.75, 8.66, 11.79, 12.41, 16.77, 17.67, 20.30, 21.26, 22.77, 23.25, 24.78)$

$\xi_8=-20 \quad Q_8^{(0)}=\{q_8(k)\}_8^{14}=(1.63, 3.87, 5.58, 7.69, 8.81, 11.71, 12.55, 16.66, 17.98, 20.12, 21.33, 22.70, 23.32, 24.71)$

$\xi_9=-10 \quad Q_9^{(0)}=\{q_9(k)\}_9^{18}=(1.66, 3.78, 5.67, 7.63, 8.97, 9.28, 10.06, 11.64, 12.68, 13.93, 14.10, 16.55, 18.11, 19.96, 21.39, 22.63, 23.39, 24.63)$

$\xi_{10}=0 \quad Q_{10}^{(0)}=\{q_{10}(k)\}_{10}^{16}=(1.68, 3.69, 5.76, 7.57, 10.17, 11.56, 12.82, 13.52, 14.66, 16.45, 18.22, 19.84, 21.46, 22.56, 23.46, 24.56)$

$\xi_{11}=10 \quad Q_{11}^{(0)}=\{q_{11}(k)\}_{11}^{16}=(1.70, 3.59, 5.84, 7.51, 10.28, 11.49, 12.96, 13.11, 15.11, 16.34, 18.33, 19.72, 21.52, 22.49, 23.54, 24.48)$

$\xi_{12}=20 \quad Q_{12}^{(0)}=\{q_{12}(k)\}_{12}^{14}=(1.73, 3.50, 5.93, 7.45, 10.38, 11.42, 15.39, 16.23, 18.45, 19.60, 21.59, 22.43, 23.61, 24.41)$

$\xi_{13}=30 \quad Q_{13}^{(0)}=\{q_{13}(k)\}_{13}^{14}=(1.75, 3.40, 6.02, 7.39, 10.49, 11.34, 15.67, 16.13, 18.56, 19.47, 21.65, 22.36, 23.68, 24.33)$

$\xi_{14}=40 \quad Q_{14}^{(0)}=\{q_{14}(k)\}_{14}^{14}=(1.77, 3.31, 6.17, 7.33, 10.60, 11.27, 15.94, 16.02, 18.67, 19.35, 21.72,$

22.29，23.75，24.26）

$\xi_{15}=50$ $Q_{15}^{(0)}=\{q_{15}(k)\}_{15}^{15}=$(1.80，3.22，6.32，7.27，10.71，11.20，18.79，19.23，21.78，22.22，23.82，24.18）

$\xi_{16}=60$ $Q_{16}^{(0)}=\{q_{16}(k)\}_{16}^{12}=$(1.82，3.12，6.47，7.21，10.82，11.12，18.90，19.11，21.85，22.16，23.90，24.11）

$\xi_{17}=70$ $Q_{17}^{(0)}=\{q_{17}(k)\}_{17}^{10}=$(1.85，3.03，6.62，7.15，10.93，11.05，21.91，22.09，23.97，24.03）

$\xi_{18}=80$ $Q_{18}^{(0)}=\{q_{18}(k)\}_{18}^{5}=$(1.87，2.89，6.77，7.09，21.98，22.02）

$\xi_{19}=90$ $Q_{19}^{(0)}=\{q_{19}(k)\}_{19}^{4}=$(1.89，2.73，6.92，7.03）

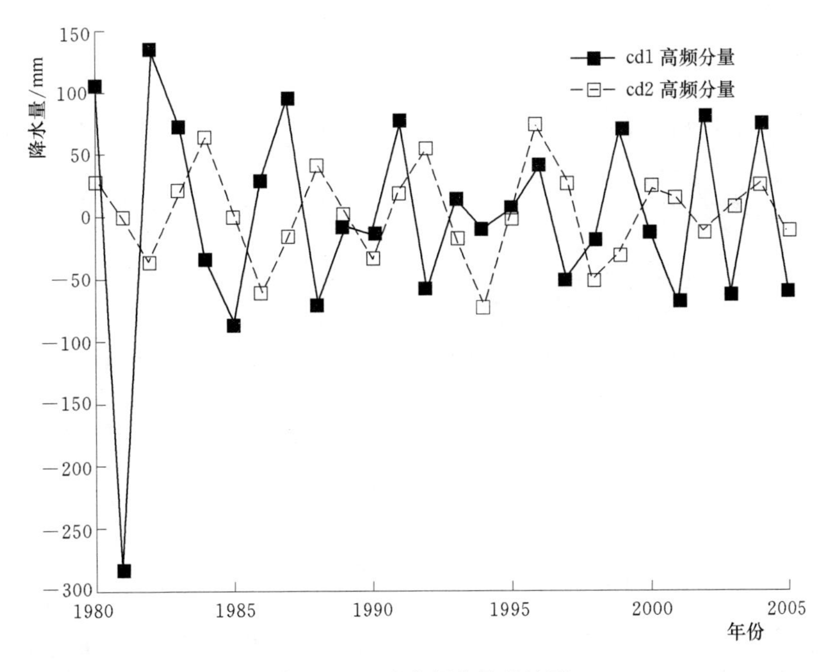

图 6-8　2 个高频分量的波形

分别对原始数据序列 $Q_i^{(0)}$（$i=1$，2，…，19）做 1-AGO 生成 $Q_i^{(1)}$，并分别建立灰色模型，计算 GM(1，1) 时间响应，当 $Q_i^{(0)}$ 序列长度小于 5 时，不计算灰色模型，如 $i=1$，2，19 的数据序列，计算结果分别为

$$\hat{q}_3^{(1)}(k+1)=\left(q_3^{(0)}(1)-\frac{b}{a}\right)e^{-ak}+\frac{b}{a}=21.7569e^{0.1955k}-20.2444$$

$$\hat{q}_4^{(1)}(k+1)=\left(q_4^{(0)}(1)-\frac{b}{a}\right)e^{-ak}+\frac{b}{a}=28.4485e^{0.2078k}-26.9122$$

$$\hat{q}_5^{(1)}(k+1)=\left(q_5^{(0)}(1)-\frac{b}{a}\right)e^{-ak}+\frac{b}{a}=61.1306e^{0.1131k}-59.5705$$

$$\hat{q}_6^{(1)}(k+1)=\left(q_6^{(0)}(1)-\frac{b}{a}\right)e^{-ak}+\frac{b}{a}=61.4285e^{0.1128k}-59.8446$$

$$\hat{q}_7^{(1)}(k+1)=\left(q_7^{(0)}(1)-\frac{b}{a}\right)e^{-ak}+\frac{b}{a}=61.7773e^{0.1126k}-60.1697$$

$$\hat{q}_8^{(1)}(k+1)=\left(q_8^{(0)}(1)-\frac{b}{a}\right)e^{-ak}+\frac{b}{a}=62.2264e^{0.1122k}-60.5949$$

$$\hat{q}_9^{(1)}(k+1)=\left(q_9^{(0)}(1)-\frac{b}{a}\right)e^{-ak}+\frac{b}{a}=73.9343e^{0.0869k}-72.2790$$

$$\hat{q}_{10}^{(1)}(k+1)=\left(q_{10}^{(0)}(1)-\frac{b}{a}\right)e^{-ak}+\frac{b}{a}=77.9761e^{0.0921k}-76.2971$$

$$\hat{q}_{11}^{(1)}(k+1)=\left(q_{11}^{(0)}(1)-\frac{b}{a}\right)e^{-ak}+\frac{b}{a}=78.1934e^{0.0920k}-76.4906$$

$$\hat{q}_{12}^{(1)}(k+1)=\left(q_{12}^{(0)}(1)-\frac{b}{a}\right)e^{-ak}+\frac{b}{a}=69.0643e^{0.1070k}-67.3378$$

$$\hat{q}_{13}^{(1)}(k+1)=\left(q_{13}^{(0)}(1)-\frac{b}{a}\right)e^{-ak}+\frac{b}{a}=69.5313e^{0.1066k}-67.7809$$

$$\hat{q}_{14}^{(1)}(k+1)=\left(q_{14}^{(0)}(1)-\frac{b}{a}\right)e^{-ak}+\frac{b}{a}=70.1063e^{0.1062k}-68.3321$$

$$\hat{q}_{15}^{(1)}(k+1)=\left(q_{15}^{(0)}(1)-\frac{b}{a}\right)e^{-ak}+\frac{b}{a}=52.9572e^{0.1338k}-51.1592$$

$$\hat{q}_{16}^{(1)}(k+1)=\left(q_{16}^{(0)}(1)-\frac{b}{a}\right)e^{-ak}+\frac{b}{a}=53.1749e^{0.1336k}-51.3532$$

$$\hat{q}_{17}^{(1)}(k+1)=\left(q_{17}^{(0)}(1)-\frac{b}{a}\right)e^{-ak}+\frac{b}{a}=31.7028e^{0.1877k}-29.8573$$

$$\hat{q}_{18}^{(1)}(k+1)=\left(q_{18}^{(0)}(1)-\frac{b}{a}\right)e^{-ak}+\frac{b}{a}=8.7965e^{0.4267k}-6.9272$$

根据 1-AGO 模拟和预测值可还原原始序列的模拟值和预测值，计算模型平均相对误差为 0.1855，计算得到 cd1 高频分量的波形图如图 6-9 所示。

同理，计算 cd2 高频分量模型平均相对误差为 0.1567，计算得到 cd2 高频分量的波形图如图 6-10 所示。

6.4.5 优化的灰色模型预测精度检验与分析

6.4.3 和 6.4.4 分别对低频分量和高频分量进行了灰色建模，本节介绍利用该模型对 2006—2010 年的降水量的低频分量和高频分量分别进行预测并利

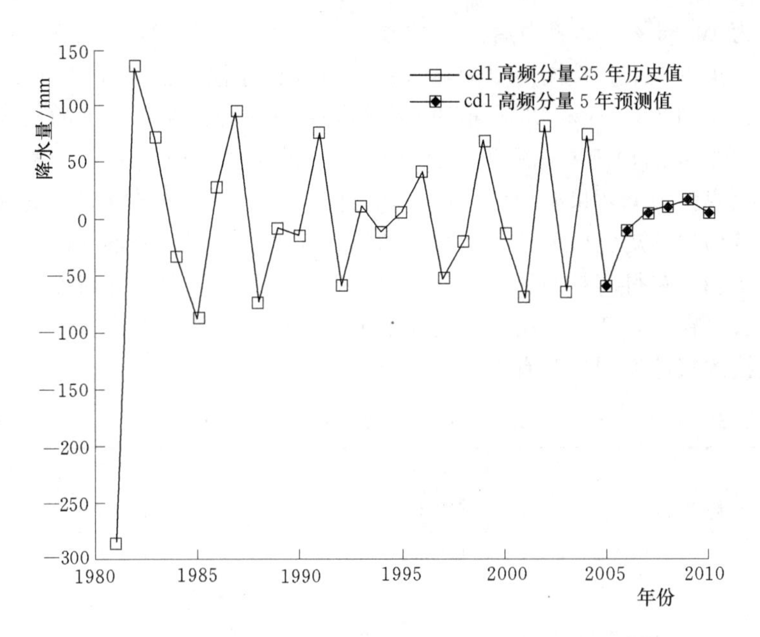

图 6-9 cd1 高频分量 5 年预测值与 25 年历史值波形图

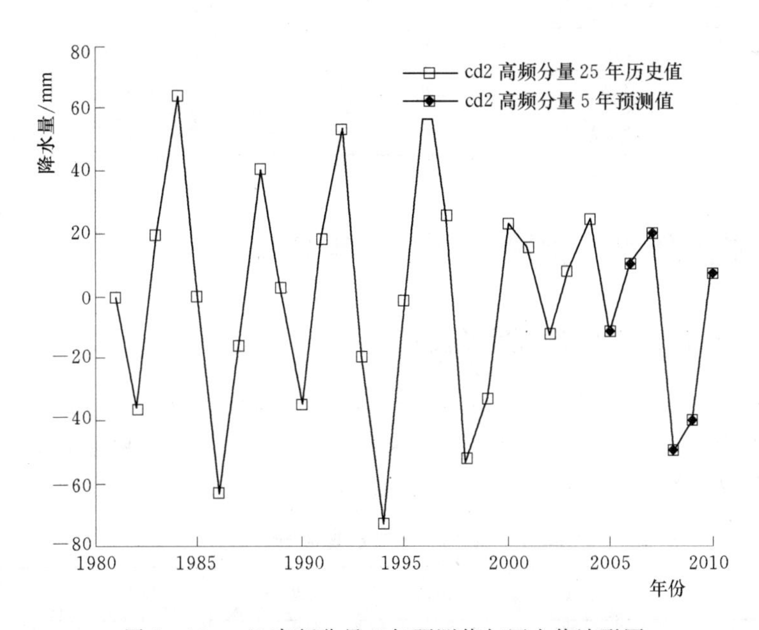

图 6-10 cd2 高频分量 5 年预测值与历史值波形图

用该预测分量值重构降水量预测值，计算结果列于表 6-5。2006—2010 年降水量的真实值为 961.8、1209.2、1197.4、991.5 和 1077.8。对于优化后的模型，5 年误差分别为 10.12%、12.22%、18.54%、2.17%和 8.75%，平均相对误差为 10.36%。如表中后两年的预测效果较好，第三年的预测误差稍大。为了对比预测效果直接用历史的降水量进行灰色建模，预测效果如表 6－5 所示。可以看到 2007 年和 2010 年的预测结果要比优化的灰色模型的预测结果差很多。2009 年的预测要好一点，其他两年的预测误差相差不是很大，经过优化的灰色模型预测效果要稍微好一些。由前所述，由小波分解后的低频分量和高频分量构建的灰色模型达到了很好的拟合效果，在高频分量的计算中，由等高点的预测值获得高频的最终的预测值时，本书采用了取各等高点预测值平均值的方法，在没有任何等高点的情况下采用了线性插值的方法，最终的预测效果较直接的灰色模型提升有限。

表 6－5　　2006—2010 年预测及相对误差

项　　目		2006 年	2007 年	2008 年	2009 年	2010 年	平均相对误差
降水量真实值		961.8	1209.2	1197.4	991.5	1077.8	—
优化的灰色模型	低频分量预测值	1059.2	1036.4	1014.2	999.2	971.1	—
	高频分量一预测值	－10.0	5.0	11.25	17.5	5.18	—
	高频分量二预测值	10.0	20.0	－50.0	－40.0	7.14	—
	最终预测值	1079.2	1061.4	975.4	969.9	983.5	—
	相对误差/%	10.12	12.22	18.54	2.17	8.75	10.36
直接的灰色模型	预测值	1068.6	1028.7	1012.5	995.0	957.0	—
	相对误差/%	11.10	14.93	15.44	0.35	11.21	10.61

6.5　未来降水量预测及旱情等级特征

6.5.1　未来 5 年的降水量预测值

由上分析可知，经过优化的灰色模型能够较好地进行拟合，能够对未来的数据进行预测，用构建好的模型预测未来 5 年的降水量和高频分量预测值与历史值波形图。如表 6－6 和图 6－11 所示。

表 6－6　　未来 5 年降水量预测

年份	2011	2012	2013	2014	2015
降水量/mm	1018.6	1053.8	1076.7	1022.7	1060.8

6.5.2　未来旱情等级特征分析

根据预测未来 5 年降水量，采用 Z 指标对未来研究区域旱情等级特征进

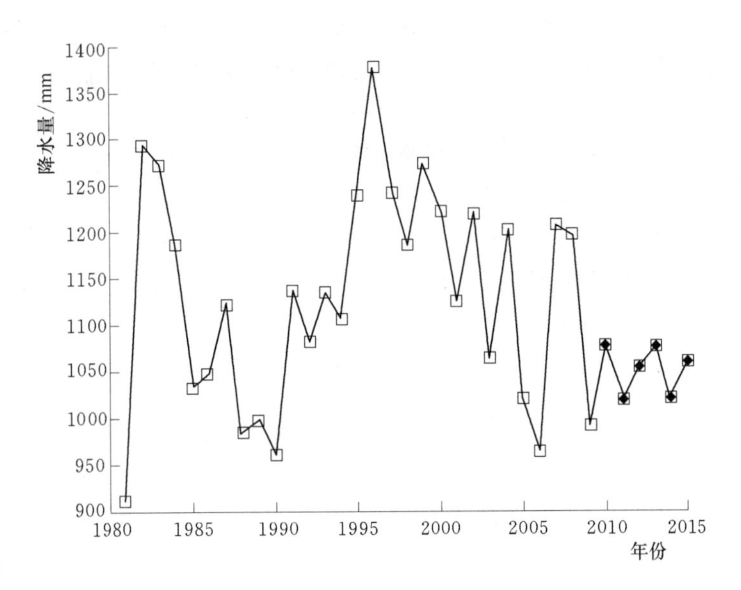

图 6-11 未来 5 年降水量高频分量预测值与历史值波形图

行分析表明：2011 年达到重旱等级，2013 年达到大旱等级，2012 年、2014 年、2015 年旱涝等级正常。事实上，2011 年和 2013 年贵州均发生严重干旱，分析结果与实际情况最为接近，采用年度降水量分析旱情特征，综合了各个月份或季节降水量的盈余或缺损，需要进一步分析研究区域的各个月份或者季节的旱涝情况，2013 年的干旱主要发生在夏季，重旱区域相对集中，持续时间较短。

6.6 本章小结

本章重点介绍了以灰色预测模型为核心，建立小波分解—不同频率成分不同模型的预测架构，并引入波形预测，建立了降水量灰色预测优化方案，围绕该方案，得到了以下研究结果。

(1) 乌江地区 1980—2005 年近 26 年的降水量数据不满足准光滑性；应用小波变换将降水量分解为低频分量和高频分量，对不同分量进行不同的预测建模，实验结果表明小波 1 层分解，低频分量仍不满足准光滑性，2 层分解符合预判断条件。

(2) 从 26 年的降水量数据小波 2 层分解的低频分量中选取后 9 年建立灰色模型，发展系数和灰作用量分别为 0.0217 和 1301.0，拟合的平均相对误差为 0.0037，可见该模型的模拟效果较好。

(3) 对近 26 年的降水量数据小波 2 层分解的两个高频分量分别进行灰色

预测，由于高频分量波动较大，预测模型采用波形预测的方法。对确定的不同等高线上的等高时刻进行灰色建模，分别进行预测，从而获得高频分量波形的发展趋势，实现未来值的预测。

（4）通过降水量低频分量的预测值和高频分量预测值重构出总降水量的预测值，得到 2006—2010 年的降水量模拟值，对比 5 年的真实值，平均的相对误差为 10.36%，表明研究优化方法基本适合乌江旱情的预测。

（5）利用构建好的优化的灰色模型对未来 5 年的降水量进行了预测。

第7章　基于CI指标的近50年干旱时空分布规律研究

7.1　数据处理及计算

本节内容从气象干旱的角度出发，根据1961—2010年贵州省19个气象台站的实测气温、降水、日照时间等数据为数据源，采用干旱综合指标（*CI*）法，分析计算了贵州省近50年来干旱灾害发生的综合情况；并借助ArcGIS 9.3地理信息系统软件就干旱强度、干旱覆盖率、干旱持续日数进行了系统分析。

选用1961—2010年贵州省19个地面气象观测台站的气象数据，主要的气象参数有逐日降水、日平均气温、日最高气温、日最低气温、日照时数、风速、相对湿度。对个别台站的缺测资料进行了插补处理，经过订正处理后的19个台站的各要素资料具有较好的连续性（见表7-1）。

表7-1　贵州省19个地面气象观测站信息

站号	站名	高程/m	纬度/(°)	经度/(°)
56691	威宁	22375	26.87	104.28
56793	盘县	18000	25.72	104.47
57606	桐梓	9720	28.13	106.83
57614	习水	11802	28.33	106.22
57707	毕节	15106	27.30	105.28
57713	遵义	8439	27.70	106.88
57722	湄潭	7922	27.77	107.47
57731	思南	4163	27.95	108.25
57741	铜仁	2797	27.72	109.18
57803	黔西	12314	27.03	106.02
57806	安顺	14311	26.25	105.90
57816	贵阳	12238	26.58	106.73
57825	凯里	7203	26.60	107.98
57832	三穗	6269	26.97	108.67

续表

站号	站名	高程/m	纬度/(°)	经度/(°)
57902	兴义	13785	25.43	105.18
57906	望谟	5668	25.18	106.08
57916	罗甸	4403	25.43	106.77
57922	独山	10133	25.83	107.55
57932	榕江	2857	25.97	108.53

7.1.1　复合气象干旱指标的计算方法

目前国家气候中心的干旱监测业务实现了多种指标的实时监测，包括降水量距平百分率、标准化降水指标、*KI* 指标、湿润度指标和综合旱涝指标 *CI* 等。其中综合指标 *CI* 为最主要的监测指标。*CI* 是一个融合了标准化降水指标和相对湿润指标以及近期降水量要素的一种综合指标。

$$CI = 0.4Z_{30} + 0.4Z_{90} + 0.8M_{30} \tag{7-1}$$

式中：Z_{30}、Z_{90} 为近 30d 和 90d 标准化降水指标 SPI 值；M_{30} 为近 30d 相对湿润度指标。利用式（7-1）计算出逐日的复合气象干旱指标 *CI*，根据气象干旱等级（见表 1-1）对 *CI* 值划分后进行干旱分析评估。

（1）相对湿润度指标计算方法。

相对湿润度指标的定义可写成如下形式：

$$MI = \frac{P - PET}{PET} \tag{7-2}$$

式中：*P* 为某时段的降水量，mm；*PET* 为某时段的可能蒸散量，mm。

月可能蒸散量采用下式计算：

$$PET = 16 \times \left(\frac{10T}{H}\right)^{A} \times \frac{S}{12 \times N} \tag{7-3}$$

式中：*PET* 为月可能蒸散量，mm/月；*T* 为月平均气温，℃；*H* 为年热量指标；*A* 为常数；*S* 为月总可照时数，h；*N* 为月总日数，日。

年热量指标 *H* 由下式计算：

$$H = \sum_{i=1}^{12} H_i = \sum_{i=1}^{12} \left(\frac{T_i}{5}\right)^{1.514} \tag{7-4}$$

H_i 为各月热量指标，由下式计算：

$$H_i = \left(\frac{T_i}{5}\right)^{1.514} \tag{7-5}$$

常数 A 由下式计算：

$$A = 6.75 \times 10^{-7} H^3 - 7.71 \times 10^{-5} H^2 + 1.792 \times 10^{-2} H + 0.49 \tag{7-6}$$

当月平均气温 $T \leqslant 0$℃时，月热量指标 $H=0$，可能蒸散量 $PE=0$（mm/月）。

实际使用中，N 取干旱评估时段日数；T 取干旱评估时段的日平均温度；S 取干旱评估时段总可照时数（若有日照资料应利用实际日照时数代替可照时数）。计算出月可能蒸散量，通过式 $PET \times N \div 30$ 可估算出该时段的可能蒸散量。

（2）标准化降水指标计算方法。

由于不同时间尺度、不同地区降水量变化幅度很大，直接用降水量在时空尺度上很难相互比较，而且降水分布是一种偏态分布，不是正态分布，所以在许多降水分析中，采用 Γ 分布概率来描述降水量的变化。标准化降水指标（简称 SPI）就是先求出降水量 Γ 的分布概率，然后再正态标准化。其计算步骤为

1）假设某时段降水量为随机变量 x，则其 Γ 分布的概率密度函数为：

$$f(x) = \frac{1}{\beta^{\gamma} \Gamma(\gamma)} x^{\gamma-1} \mathrm{e}^{-x/\beta}, \quad x > 0 \tag{7-7}$$

$$\Gamma(\gamma) = \int_0^{\infty} x^{\gamma-1} \mathrm{e}^{-x} \mathrm{d}x \tag{7-8}$$

其中：β 和 γ 分别为尺度和形状参数，$\beta > 0$，$\gamma > 0$，β 和 γ 可用极大似然估计方法求得：

$$\hat{\gamma} = \frac{1 + \sqrt{1 + 4A/3}}{4A} \tag{7-9}$$

$$\hat{\beta} = \overline{x} / \hat{\gamma} \tag{7-10}$$

其中：

$$A = \lg \overline{x} - \frac{1}{n} \sum_{i=1}^{n} \lg x_i \tag{7-11}$$

式中：x_i 为降水量资料样本，$\overline{x}$ 为降水量多年平均值。

确定概率密度函数中的参数后，对于某一年的降水量 x_0，可求出随机变量 x 小于 x_0 事件的概率为

$$P(x < x_0) = \int_0^{\infty} f(x) \mathrm{d}x \tag{7-12}$$

将式（7-7）代入式（7-12），利用数值积分可以计算事件概率近似估计值。

降水量为 0 时的事件概率由下式估算：

$$P(x=0)=\frac{m}{n} \tag{7-13}$$

式中：m 为降水量为0的样本数；n 为总样本数。

2）对 Γ 分布概率进行正态标准化处理，即将式（7-12）、式（7-13）求得的概率值代入标准化正态分布函数，即：

$$P(x<x_0)=\frac{1}{\sqrt{2\pi}}\int_0^{\infty}\mathrm{e}^{-Z^2/2}\mathrm{d}x \tag{7-14}$$

对式（7-14）进行近似求解可得：

$$Z=S\frac{t-(c_2t+c_1)t+c_0}{[(d_3t+d_2)t+d_1]t+1} \tag{7-15}$$

其中：$t=\sqrt{\ln\frac{1}{P^2}}$，$P$ 为式（7-12）或式（7-13）求得的概率。当 $P>0.5$ 时，$P=1.0-P$，$S=1$；当 $P\leqslant0.5$ 时，$S=-1$。

$c_0=2.515517$，$c_1=0.802853$，$c_2=0.010328$

$d_1=1.432788$，$d_2=0.189269$，$d_3=0.001308$

由式（7-15）求得的 Z 值也就是此标准化降水指标 SPI。

利用式（7-1）计算出逐日的复合气象干旱指标 CI，根据气象干旱等级（见表7-2）对 CI 值划分后进行干旱分析评估。

7.1.2　干旱综合指标 *CI* 等级的划分

表7-2　干旱综合指标 *CI* 的干旱等级

类型	CI 值	干旱影响程度
无旱	$-0.6<CI$	降水正常或较常年偏多，地表湿润，无旱象
轻旱	$-1.2<CI\leqslant-0.6$	降水较常年偏少，地表空气干燥，土壤水分略欠，对农作物有轻微影响
中旱	$-1.8<CI\leqslant-1.2$	降水持续较常年偏少，土壤表面干燥，土壤水分明显不足，植物叶片白天有萎蔫现象，对农作物和植被造成一定影响
重旱	$-2.4<CI\leqslant-1.8$	土壤水分持续严重不足，出现较厚的干土层，植物萎蔫、叶片干枯，果实脱落；对工农业生产、人畜饮水、生态环境造成较大影响
特旱	$CI\leqslant-2.4$	土壤水分长时间持续严重不足，植物干枯、死亡；对工农业生产、人畜饮水、生态环境造成严重影响

7.1.3　气象干旱过程的确定

当复合气象干旱指标 CI 连续10d为2级以上，则确定为发生1次干旱过程。干旱过程的开始日为第1天 CI 指标达轻旱以上等级的日期。在干旱发生期内，当 CI 连续10d为无旱等级时干旱解除，同时干旱过程结束，结束日期为最后1次 CI 指标达无旱等级的日期。干旱过程开始到结束期间的时间为干旱持续时间。

当某一时段内至少出现1次干旱过程，并且累积干旱持续时间超过所评价时段的1/4时，则认为该时段发生干旱，其干旱强度由时段内 CI 值为轻旱以上的干旱等级之和确定。

7.1.4 干旱过程强度的计算

干旱过程内小于等于－0.6的逐日指标（CI）之和为干旱过程强度 C_s，其值越小干旱过程越强。季、年干旱强度 C_s：时段内必须出现至少一次干旱过程，并且干旱总天数大于等于三分之一时段尺度或干旱过程强度值小于－1.2乘以1/3所评价时段天数，则认为该时段出现干旱，其干旱强度 C_s 由时段内 CI 值小于等于－0.6值之和确定。

7.1.5 干旱发生频率计算

本研究统计了近50年来历年及历年各季干旱事件的发生情况，利用下式计算了干旱发生频率

$$P=\frac{n}{N}\times 100\% \tag{7-16}$$

式中：n 为实际有干旱发生的年数；N 为资料年代序列数，因1961—2010年共有50年数据，所以 N 取50。

7.2 结果分析

7.2.1 复合干旱指标计算结果

对选取的贵州省19个气象台站分别求得了50年逐日 CI 指标值，表明同一时间各站的 CI 值差异很明显，据此结合表7-2的干旱分级标准可初步得知贵州省内各地干旱情况有所差异，具体分布特点有待下一步研究。同时从图上可以看到，各站逐日 CI 值的年际变化幅度较大，且各站变幅有所区别，由此可知研究干旱应从干旱强度大小以及时空变化方面着手。

7.2.2 干旱发生的频率

采用贵州省19个气象台站近50年的逐日 CI 值，按照干旱分级标准进行

统计各年年内干旱发生频率（见表7－3和图7－1），对各个台站近50年年内干旱发生频率的平均值进行比较后发现：贵州省历年干旱发生频率呈现自东北向西南逐渐增高的趋势。其中以北部省界为上边界，西经遵义，东连铜仁，向中部连接到贵阳的大片面积干旱发生频率最低，最低值达3.76%；除此之外的东北部其他地区干旱发生频率多在4.76%～5.72%；中部毕节、安顺以及黔南布依族苗族自治州地区干旱发生频率多在5.72%～7.02%；全省干旱发生最高频率分布在安顺市以南以及黔西六盘水市，干旱发生频率最高达8.28%～9.80%；西南其他地区干旱发生频率也较高，在7.02%～8.28%之间。

表7－3　贵州省19个气象台站全年及各季干旱频率统计　（%）

站号	站名	高程	纬度（°）	经度（°）	年频率	春旱频率	夏旱频率	秋旱频率	冬旱频率
56691	威宁	22375	26.87	104.28	10.6	36.5	1.9	5.8	28.8
56793	盘县	18000	25.72	104.47	5.7	17.3	1.9	1.9	17.3
57606	桐梓	9720	28.13	106.83	4.0	3.8	7.7	3.8	5.8
57614	习水	11802	28.33	106.22	4.5	5.8	11.5	1.9	9.6
57707	毕节	15106	27.30	105.28	5.8	13.5	11.5	5.8	7.7
57713	遵义	8439	27.70	106.88	6.7	13.5	15.4	7.7	9.6
57722	湄潭	7922	27.77	107.47	3.2	3.8	5.8	1.9	3.8
57731	思南	4163	27.95	108.25	4.8	0.0	9.6	7.7	3.8
57741	铜仁	2797	27.72	109.18	5.5	5.8	11.5	9.6	3.8
57803	黔西	12314	27.03	106.02	4.4	5.8	9.6	1.9	5.8
57806	安顺	14311	26.25	105.90	7.9	23.1	11.5	7.7	19.2
57816	贵阳	12238	26.58	106.73	3.4	5.8	1.9	11.5	7.7
57825	凯里	7203	26.60	107.98	4.1	1.9	5.8	5.8	7.7
57832	三穗	6269	26.97	108.67	4.7	0.0	7.7	15.4	5.8
57902	兴义	13785	25.43	105.18	9.9	25.0	9.6	7.7	15.4
57906	望谟	5668	25.18	106.08	8.3	19.2	9.6	9.6	7.7
57916	罗甸	4403	25.43	106.77	8.3	7.7	11.5	9.6	15.4
57922	独山	10133	25.83	107.55	4.4	1.9	5.8	3.8	7.7
57932	榕江	2857	25.97	108.53	6.8	5.8	9.6	19.2	7.7

春旱发生频率的空间分布规律与年干旱略有不同，整体呈西高东低的分布趋势。黔南布依族苗族自治州包括东至铜仁市的大部地区春旱发生频率居全省最低，春旱发生频率只有0.01%～4.87%；遵义、贵阳、同仁市东部边缘以及贵南与广西壮族自治区接壤边界干旱发生频率较东部略高，发生频率为4.87%～

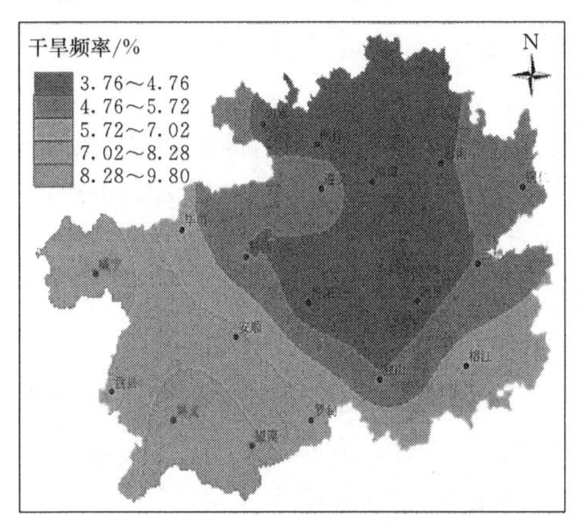

(a) 全年干旱

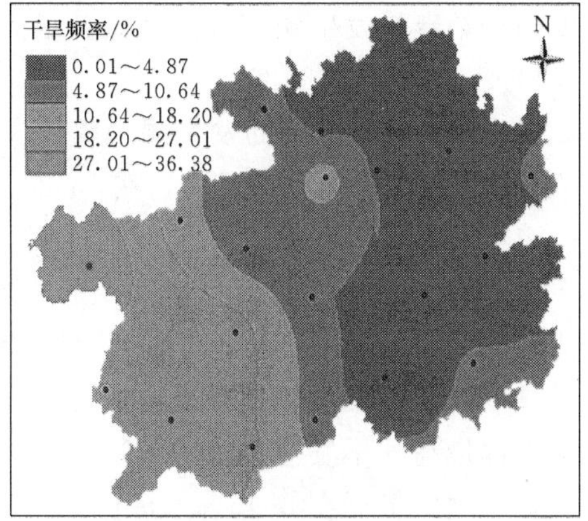

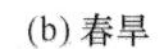

(b) 春旱

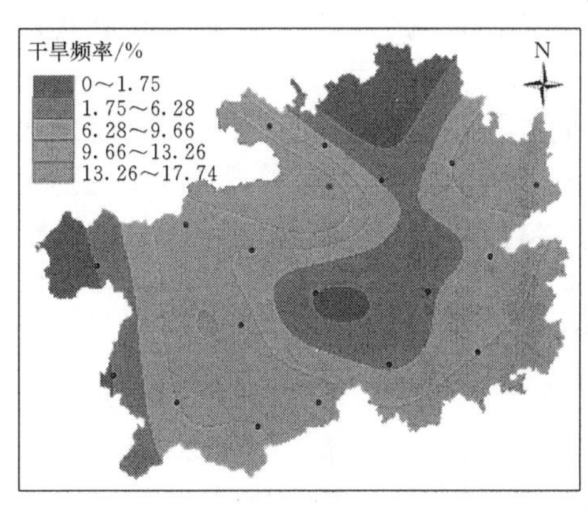

(c) 夏旱

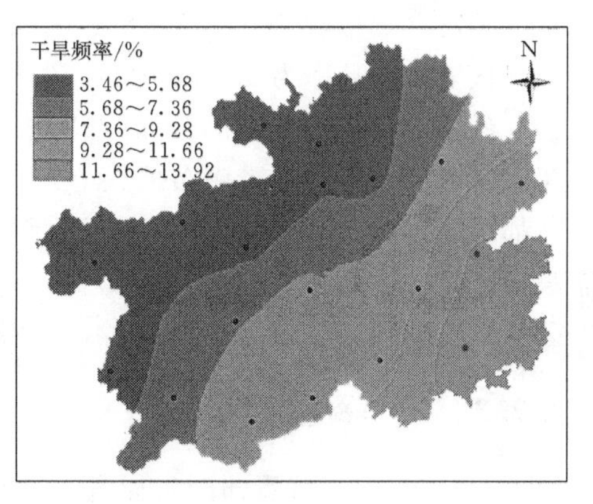

(d) 秋旱

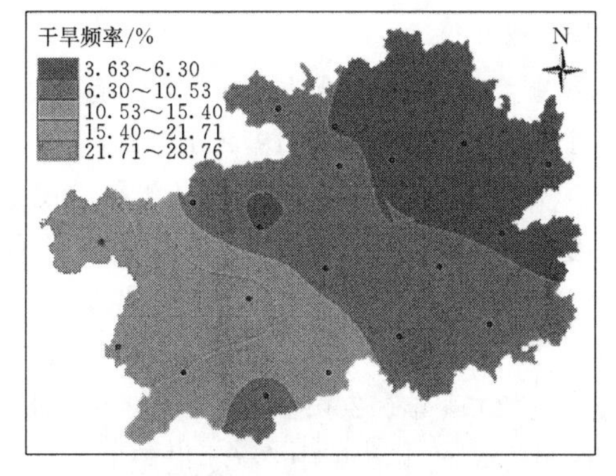

(e) 冬旱

图 7-1　贵州省全年干旱、春旱、夏旱、秋旱、冬旱发生频率分布

10.64%；遵义市区和毕节、安顺干旱发生频率在10.64%～18.20%；六盘水以西仍是春旱发生频率最高地区，最高频率达36.38%；黔西其他大部分地区春旱发生频率在18.20%～27.01%。

贵州省夏季干旱的发生频率整体较低，全省呈现包围式由高到低趋势。毕节、遵义夏旱发生频率最高，在13.26%～17.74%之间；遵义外围向西到毕节，向南经安顺再到省界以及东部临广西、湖南两省大部地区夏旱发生频率较高，在9.66%～13.26%之间；黔北及黔西夏旱发生频率最低，只有0～1.75%；其他中部大部分地区及六盘水市干旱发生频率在1.75%～9.66%之间。

全省秋旱发生频率呈现自西北向东南逐渐增高的条带状分布规律。贵州省东南部最高秋旱发生频率在11.66%～13.92%之间；六盘水、毕节和遵义秋旱发生频率最低在3.46%～5.68%之间；贵阳和安顺秋旱发生频率在7.36%～9.28%之间；由遵义、毕节、六盘水和贵阳、安顺围成的东北—西南条带区内干旱发生频率较低，在5.68%～7.36%之间；铜仁市和黔南布依族苗族自治州秋旱发生频率为9.28%～11.66%。

冬季干旱发生频率的分布规律整体同年干旱近似，自东北向西南逐渐增高。以毕节、贵阳、黔南布依族苗族自治州作为分界，向东、向北冬旱发生频率都不超过10.53%；安顺冬旱发生频率略高，在10.53%～15.40%之间；黔西与云南接壤处冬旱发生频率最高，在21.71%～28.76%之间；黔西其他地区冬旱发生频率也较高，在15.40%～21.71%之间。

7.2.3　干旱覆盖面积

这50年中，就贵州全省而言，只有1983年、1995年、1997年和1998年共4年出现无旱。年总干旱发生面积达20%以上的年份有2年，分别为1975年和2010年，见图7-2（a）。

四季中春季干旱覆盖范围达20%以上的年份有10年，分别为1966年、1969年、1972年、1973年、1976年、1979年、1987年、2003年、2007年和2010年，见图7-2（b），其中全年及四季干旱覆盖面积最大值出现在2010年春季，为59.0%；夏季干旱覆盖范围达20%以上的只有5年，分别为1961年、1971年、1972年、1974年和1975年，见图7-2（c）；秋季有4年，为1962年、1963年、1975年和2009年，见图7-2（d）；冬季有6年，为1973年、1974年、1998年、2004年、2009年和2010年见图7-2（e）。可见：春季大范围干旱的年份最多，且主要集中在20世纪的60—70年代，秋季大范围干旱最少。

贵州省出现季节连旱且覆盖范围达20%以上的年份相对较少，春夏连旱且覆盖范围达20%以上的年份有1年，为1972年，见图7-2（b）和图7-2（c）；

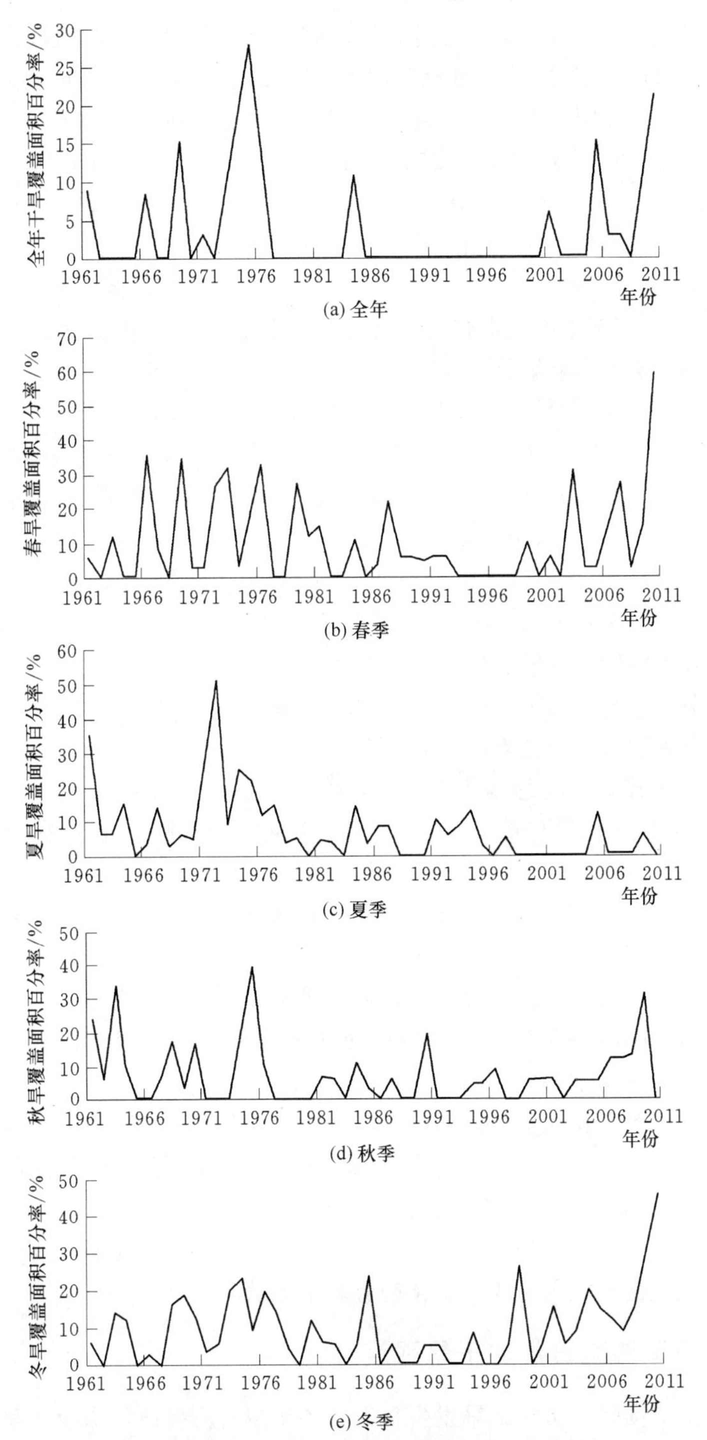

图 7－2　贵州省全年和各季干旱覆盖范围的变化

夏秋连旱且覆盖范围达20%以上的年份有1年，为1975年，见图7-2（c）和图7-2（d）；秋冬连旱且覆盖范围达20%以上的年份有1年，为2009年，见图7-2（d）和图7-2（e）；冬春连旱、且覆盖范围达20%以上的年份有2年，为1974—1975年、2009—2010年，见图7-2（e）和图7-2（b）。从计算分析结果和图7-2（a）中还可以发现：这50年中，贵州省历年干旱发生面积占土地覆盖总面积的百分比（即干旱面积覆盖率）变化于0～27.9%之间，年际差异较大，干旱面积覆盖率达27.9%的年份为1975年；覆盖率为0的年份有34年。这50年中，贵州省年际干旱面积覆盖率起伏变化明显，1976年之前及2005年之后干旱覆盖面积较大，1976—2005年期间干旱覆盖面积较小。2005年以来，干旱覆盖面积呈上升趋势，需要引起关注。

春季干旱覆盖面积总体而言比其他季节要大，春季干旱覆盖面积比较大的时期分别在20世纪的60年代、70年代后期至80年代中期、90年代中期到2010年，覆盖面积达35%以上的年份有2年，为1966年和2010年，其中2010年覆盖面积最大，为59.0%；另外1966年、1969年、1973年、1976年、2003年和2010年等6年覆盖面积超过了总面积的30%，为4个季节最多，但覆盖面积较大的年份大多集中在1976年之前，在1976—2001年之间覆盖范围几乎都为零；覆盖率为0的年份有17年。春旱现象近10年来进入覆盖率相对较大的时期，且有超过以往的趋势，近年春旱尤为严重，见图7-2（b）。

夏季干旱覆盖面积总体而言比其他季节都小，见图7-2（c），50年中只有5年超过了总面积的20%。但是夏旱覆盖面积的年际变化平缓，除了20世纪70年代覆盖面积比率达到峰值以外，其他年份覆盖面积都在一个很小的幅度内变化。本世纪初始，夏旱覆盖面积开始明显变小，所以夏旱现象近年来较为不明显，见图7-2（c）。

秋旱的发生面积年变化幅度大，但覆盖程度明显小于冬春季。秋旱覆盖程度最大的为1975年的39%。之后覆盖面积最大的为2009年的31%。总体上，秋旱现象较之其他季节并不明显，见图7-2（d）。

冬旱的覆盖面积在贵州省年际最为平均，起伏变化没有其他3个季节那么明显，覆盖面积很大或很小的年份不多。但近两年明显呈上升趋势，且2010年最大值达到45.3%，需引起注意，见图7-2（e）。

从设定置信度水平为$\alpha=0.01$和$\alpha=0.05$的F显著性检验发现：贵州省历年及四季干旱覆盖面积的线性变化趋势均不显著。

7.2.4　干旱持续日数和干旱强度

为了反映贵州省历年干旱发生日数、各干旱过程持续天数及干旱强度的变化特征，本次设计根据所求各站逐日*CI*值，确定了历年各站各次干旱过程及其强度变化，考虑时空连续性、背景一致性等因素，统计了全省历年干旱发生的次数、各次干旱过程持续的天数和总日数，绘制了各干旱过程全省平均的强度变化曲线。在此基础上，分析了50年来贵州省历年平均的干旱持续日数和干旱强度变化特征。

由图7-3可见：近50年来贵州省历年平均干旱持续日数呈波动式变化，年干旱持续日数最多的达72d，出现在2010年，这一分析结果与实际情况相符。最少的只有22d，出现在1983年。计算各年代平均的年平均旱日数后发现：20世纪60年代为42d，70年代为49d，80年代为36d，90年代为39d，21世纪前10年为33d，存在着准10年周期的年代干旱平均持续天数的起伏变化。

在对这50年中逐年各站所有旱日的*CI*值求和后，得到了历年各站的干旱强度值；再对逐年全省各站（指发生干旱的台站）的*CI*值求平均后，则得到了如图7-4所示的贵州省历年平均干旱强度变化曲线。从该图中可以看出：近50年来贵州省逐年平均干旱强度呈波动式变化，最大值出现在1984年，为－134.1；次大值出现在2010年，为－102.5。

综合图7-3和图7-4计算得到历年干旱发生期内的日旱强，见图7-5，虽然1984年的*CI*年绝对值比2010年大，但2010年的日旱强为－1.16/d，1984年约为－0.79/d，前者旱情明显比后者严重。而从旱期持续天数来看，2010年旱期长为72d，1984年为68d，后者的累积效应明显不如前者大。1967年的*CI*年绝对值不是很大，属居中值，为－67.2，但这两年日旱强达到了－1.02/d，旱情较为严重。由此可见：干旱持续日数和日旱强都对干旱发生程度有着极其重要的影响。

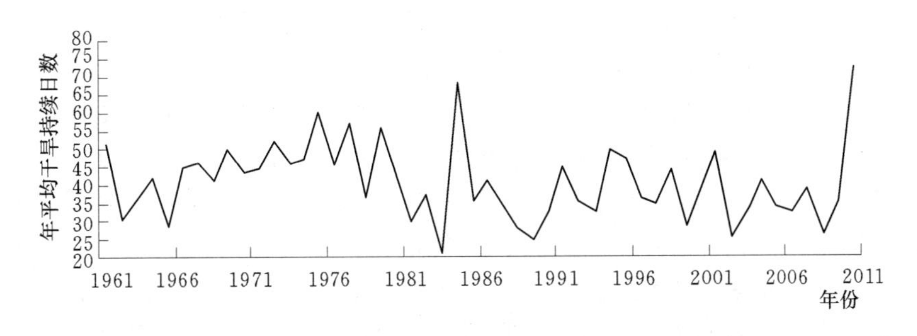

图7-3 1961—2010年贵州省平均干旱持续日数

7.2.5 *CI*指标的空间分布特征

本书采用逐日各站*CI*计算值及其不同级别的*CI*干旱指标，统计贵州省历年及历年各季不同等级干旱出现的天数，求取了50年平均的全年平均和各

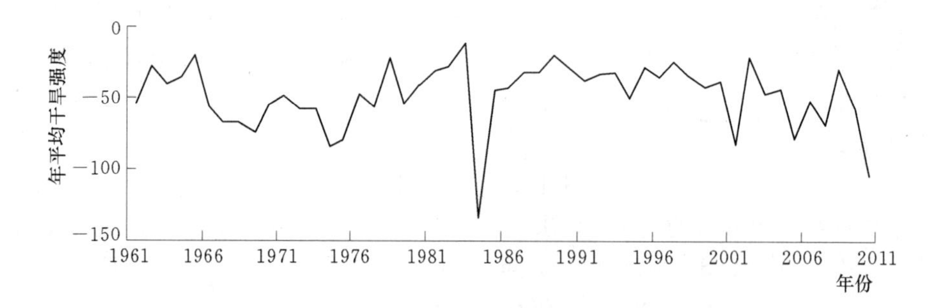

图7-4　1961—2010年贵州省平均强度

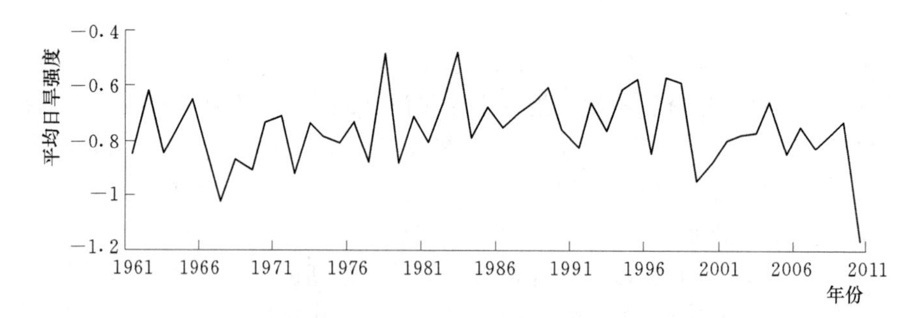

图7-5　1961—2010年贵州省旱期平均日旱强度

季平均轻旱、中旱、重特旱日数。由图7-5可见，贵州轻旱年平均日数呈西多东少的规律，轻旱日数较其他等级干旱都多，但总体来讲年平均轻旱天数不算多，最多只有24d，发生在威宁。安顺一带轻旱日数也都在18～24d，遵义、黔西等地干旱日数在15～18d，连接铜仁到毕节的环状带内干旱日数在12～15d，自环状带向内干旱日数逐渐减少。此外，黔西小部分地区干旱日数以盘县为中心向外扩散增加，最少干旱日数只有5d，最多干旱日数为15d。

中旱日数同样呈现西多东少的规律，且变化规律更明显。黔西地区最多中旱日数在8～9d，最大值出现在兴义和威宁；整个贵州东北部大部分地区中旱日数只有2～4d，为全省中旱年平均日数最少地区；贵阳、铜仁中旱日数在4～5d，毕节和安顺等大部分地区中旱日数在5～8d。

贵州省年重特旱日数较轻旱和中旱日数都要少，最大值主要出现在盘县，重特旱日数达8d，黔西多个地区年重特旱日数都在3～5d，中部地区重特旱日数在1～3d，贵州东北部每年几乎不出现重特旱，平均日数不到1d。

贵州省春季轻旱平均日数分布呈现出西多东少的规律；轻旱平均日数最大值中心出现在威宁，年平均轻旱发生的天数为9～13d，约占春季总日数的10.0%～14.4%；黔西地区包括兴义、望谟在内年平均轻旱日数都在6～9d，地区内各站轻旱日数差异较大，且同经度上南方轻旱日数较北方多；毕节、贵阳地区轻旱日数在4～6d之间；遵义及东南沿边大部分地区轻旱日数在2～4d之间；春季轻旱年平均发生日数最小值出现在东部地区，最小值不到1d。春季中旱日数较轻旱大幅度减少，最多只占春季总日数的3.3%；春季中旱日数同样呈西多东少的特征。全省除了西部春季重特旱年平均日数在2～4d外，其他地区最多只有1～2d，更小的甚至不到1d。春季重特旱日数虽然总体来说呈西多东少的规律，但在中部也出现了低值中心；重特旱日数的最大值出现在黔西的盘县、兴义，约3d；中部大部地区重特旱日数在1～2d之间，其他东部地区仅有0～1d，重特旱发生几率比较小。

贵州省夏季干旱日数极少，轻旱年平均发生日数最大值也只有3～4d，与年干旱及春旱分布规律相反，呈现东多西少规律；夏季中旱年平均发生日数最多只有1～2d，而重特旱全省都不到1d。

秋季各级干旱平均日数较夏季多，轻旱日数为1～6d，全省呈现东南多西北少的规律；最大值中心出现在榕江站，达6d，三穗站附近地区也都在5～6d。秋季中旱日数都在4d以下，中旱日数最大值中心出现在贵州最东部的铜仁站，达3～4d，东部其他部分地区在2～3d，全省其他大部分地区中旱日数都不到2d。重特旱日数同夏季一样，最大值不超过1d。

贵州省冬季轻旱分布规律与年干旱以及春、夏、秋季干旱日数分布规律都不同，最大值和最小值中心都在西部；最大值为7～9d，发生在威宁站，沿西部省境线自北向南减少，最少日数只有1～2d，发生在盘县站；安顺冬季轻旱年平均发生日数在4～6d，毕节及黔南部分地区在3～4d，东部多数地区都在2～3d。冬季中旱日数呈西多东少的特征，最大值中心在威宁，达5～6d，六盘水、兴义和罗甸地区冬季中旱发生日数每年平均为3～5d，西部大部分地区都在2～3d；中部安顺及北部遵义冬季中旱日数在1～2d，其余整个北部、东部地区冬季中旱发生日数都不到1d。冬季重特旱日数分布大体呈西多东少特征，最大值中心在盘县站，最小值中心在黔西；以盘县站为中心，附近地区重特旱日数在2～5d，其他全部地区都在0～2d。

7.2.6 用*CI*指标监测2009—2010年干旱发生发展过程

以8d作为时间间隔，用*CI*指标监测了2009年11月1日至2010年4月22日贵州干旱发生发展过程，2009年11月9—16日开始在西南出现轻微干旱，2009年11月24日—2009年12月2日干旱范围开始呈现扩大趋势。2010年1月9—16日，旱情加剧，无论旱情范围还是旱情等级都进一步苦扩大。2010年2月26日—3月5日，旱情达到顶峰，全省大部分区域出现干旱，重旱范围进一步扩大。全省旱情一直持续到2010年3月29日。2010年3月30日—4月6日旱情减缓，2010年4月7日旱情基本消失。分析结果与研究区域实际情况较为吻合。

7.3　本章小结

本章用 *CI* 指标，以贵州省 19 个气象台站的实测气象观测数据，分析了全省干旱发生的频率、覆盖范围、干旱过程等，并结合 Arcgis9.3 地理信息系统软件直观和形象地分析了全省不同等级旱情的空间分布、发展演变过程，为贵州喀斯特区域旱情研究提供了新的途径。

附　　录

附录 1　贵州喀斯特 6 大水系 Palmer 指标

附表 1－1　　　　柳 江 Palmer 指 标

年份	1月	2月	3月	4月	5月	6月	7月	8月	9月	10月	11月	12月
1961	−0.6	0.5	0.2	4.5	−0.7	−4	−3.8	1.1	0.7	1.2	2.2	2.2
1962	−0.1	−1	−1.2	−1.6	−2.5	−1.9	−4.5	−4.6	−4.6	−3.8	−3.3	−2.9
1963	−2.7	−1.9	−1.7	−2.9	−1.7	−2.2	−1.9	−3.6	−4.2	−3.5	3.7	4.2
1964	3.2	3.5	2.8	3.9	−2.2	−3.3	−3.7	0.8	1.3	0.9	0.4	0.7
1965	−0.4	−0.7	1.4	2	−2	−3.1	−3.9	−2.4	−3.3	1.9	1.3	1.5
1966	−0.2	−1.1	−1.9	2	2.3	2.1	3	−2.4	−3.5	2.8	−1.1	−0.6
1967	−1	0.5	0.3	−0.8	−1.1	−1.9	−2.1	2.5	2.7	1.3	1.6	1.9
1968	1.6	1.3	0.9	2	1.9	2.1	3.7	7.1	5.8	−0.6	−0.8	−1.2
1969	−1.3	−1.6	−2	−2.2	−2.6	3.2	3.8	5.2	2.6	2	2.9	1.8
1970	1.7	1	3.1	1.9	1.4	0.6	3.2	−1.6	−1.8	−3	−3.1	1
1971	0.8	0.3	0	0.3	0	2.6	1.5	2.5	−0.7	0	−0.7	0
1972	−0.5	0.3	1.9	2.4	−1.1	−2	−4.9	−6.3	3.5	5.2	4.7	4.2
1973	3.5	−0.9	−1.1	−0.4	−0.4	−1.9	−2.3	−1.8	−1.4	−1.4	−1.5	−1.7
1974	0.5	0.3	0	0.8	−2.1	1	1.7	1.4	−1.3	−1.6	−2.3	−1.9
1975	−1.9	0.2	0.1	1.2	2.4	−0.5	−1.2	0.6	−0.9	−2.3	−1.5	−1.5
1976	−1.1	−1.5	0.5	2.3	1.9	1.7	−1.1	0.8	−0.9	0.7	1.4	−0.3
1977	0	−0.2	−1.1	−1.4	1.1	2.7	2.8	1.6	1.1	2.3	−0.2	−0.8
1978	−1	−1.6	−1.6	−2.1	2.6	−1.1	−3.4	−4.4	0.4	2.1	4.1	−0.4
1979	−0.8	−1.4	−1.7	−1.6	1.9	2.8	5	6.9	6.4	−1.3	−1.8	−1.9
1980	−1.4	−0.8	−0.8	0	0	−2.9	1.7	2.1	1.8	2.7	1.9	2.2
1981	0	−0.4	−0.6	0.3	−0.5	−1	−1.4	−3.6	−3.6	0.2	1.5	0.8
1982	0.4	1.1	−0.6	1.4	−0.8	2.2	−2.7	2.1	4.3	2.6	3.3	2.8
1983	2.9	3.2	2.2	2.5	2.5	4.8	−0.6	−2.3	−3.2	−3.2	0	0.4
1984	0.5	0.4	0	0	2.3	−2.1	−3.4	−3.7	−3.3	−2.5	−2.9	0.5
1985	0.1	0.4	0.7	−0.4	0.6	−1.8	−2.4	−2.5	−2.6	−1.9	−1.5	−1.2
1986	−1.4	−1.2	−0.7	−1.6	−4	−4.7	−3.7	−1.3	−2.3	−1.4	−1.7	−2

续表

年份	1月	2月	3月	4月	5月	6月	7月	8月	9月	10月	11月	12月
1987	−1.9	−2.2	−3	−3.3	−3.7	0.9	1	0.3	0	0.7	0.9	0.4
1988	−0.5	0.9	0.7	−0.7	−2.3	−1.8	−2.8	3.1	2.9	−0.4	−1.4	−1.7
1989	0.1	0.5	1	−0.6	−1.7	−1.7	−3.3	−4.5	1.5	2.5	1.4	1.8
1990	1.7	1.5	1.8	1.7	2.4	−0.6	0	−2.3	2.1	1.7	1.5	1
1991	2.1	−0.6	−0.1	−1.1	−2.7	−1.6	−2	−2.4	−2.4	−2.1	0.4	0.3
1992	0.8	1.2	1.4	1.1	1.7	−1	1.7	−2.9	−4	−4	−4.2	−3
1993	−2.3	−1.5	−1.9	−1.9	−2.6	−2.8	4.5	3.3	3.5	−0.8	−1.4	−1.1
1994	−1.3	0	0.5	−0.8	−0.3	−2.6	1.6	−0.8	1.7	3.1	2.3	2.6
1995	2.1	3	2.4	1.3	2	4.3	−1.4	−1.6	−0.8	−2	−1.5	−1.6
1996	−1.3	−1.6	0.9	−0.5	1.4	1	1.7	−0.2	−2.2	−2.9	−2.4	−2.1
1997	0	0.3	0.2	0.5	−2.1	1.1	1.8	−1.9	2.1	4.2	3.1	3
1998	3.1	2.6	2.3	−0.6	−1.5	−2.1	−0.7	−2.6	−3.7	−4	−4.2	−3.7
1999	−3.3	−3.7	−3.2	−3.7	−4.5	−5.4	2.9	3.5	−0.8	−1.4	−1.5	−1.6
2000	−1.5	0	0.9	1.7	1.7	6.1	−1	−0.7	−0.6	−0.7	−0.8	−0.8
2001	−1.2	−1.1	0.1	2.1	−2.6	−2	−2.5	−3.9	−5.2	0.2	0.8	0.6
2002	0	0.7	0.8	1.8	2.9	−2.6	1.6	4.6	−1.5	−0.8	−1.7	−0.5
2003	−0.5	−1.1	0.1	0.3	−0.9	−1.3	−2.2	−2.6	−3.2	−2.5	−2.9	0.1
2004	0.4	0.7	0.6	2	−0.2	−0.8	1.2	−0.9	−1.7	−2.9	0.8	0.5
2005	1	0.6	1.2	−1.8	−2.2	3	−1.5	−2.3	−3.4	−4.2	−4.4	−3.3
2006	−3.1	−2.3	−1.5	−1.9	−3.1	4.5	−1.7	−2.1	−2.7	−2	−2	−1.8
2007	−1.2	−1.8	−1.5	−1.5	−3.2	0.5	2.8	−1.1	−1.5	−3	−3.5	−3
2008	0.3	0.4	1.5	1.2	3.5	1	2.2	6.2	4.6	2.4	4	0
2009	−0.2	−1.3	−0.1	0	−0.8	0.9	0.7	−2.3	−3.4	−3.9	−3.6	−2.9
2010	−3.2	−3.6	−4	−4	−5	3.2	4.1	−1.8	−0.7	−0.9	−0.9	0
2011	0	−0.8	−0.5	−1.3	−1.9	−1.2	−4.2	−6.4	−6.2	−3.3	−3.4	−2.8

附表 1-2 北盘江 Palmer 指标

年份	1月	2月	3月	4月	5月	6月	7月	8月	9月	10月	11月	12月
1961	0.1	0.4	0.5	1.5	1.5	−1.6	1.3	1.4	2	3.9	3.4	4
1962	3.7	−0.6	−0.6	−1	−1.3	0.5	−1.2	0.4	−1.2	1.3	−0.2	−0.6
1963	−0.8	−0.4	0.8	−2.1	−4.5	−4.3	−3	−4.6	−5.2	0.6	2	2.2
1964	1.8	2.3	−0.2	0	−1.8	0.9	0.3	1.3	0.6	2.3	−0.4	0
1965	−0.3	−0.7	0.7	1.3	−1	0.5	−1.8	1.6	−0.7	4.5	−0.8	0

续表

年份	1月	2月	3月	4月	5月	6月	7月	8月	9月	10月	11月	12月
1966	-0.3	-1.2	-1.3	-1.9	0	1	0.9	-2.2	-2.1	1	0.1	0.1
1967	0	0.5	-0.5	1.4	2.1	-1.3	1.4	2	2	1.2	2	2.4
1968	1.6	2.4	2	3.5	3.1	3.9	4.1	5.5	-1.1	-0.7	-0.6	-1.5
1969	-1.3	-1.5	-1.8	0.5	0.3	3.8	5.5	6.4	-1.4	-2.8	-2.1	-1.6
1970	-1	-1.7	0.6	1.2	-1.3	-3.2	-0.7	-2.1	-1.4	-1.9	-2.2	1.6
1971	0	-0.6	-1.1	0.7	0.3	-0.4	-0.9	1.9	2.9	3.2	-0.4	-0.4
1972	-0.5	-0.3	-0.7	-1	2.5	-2.3	-5.6	-6.5	-3.9	-3.9	-2	-1.5
1973	-0.7	-1.7	-0.9	-1.6	-2.4	-2.2	-2	-1.9	-1.3	-1.2	-1.1	-1.1
1974	-0.9	-1.1	-1.1	0.7	1	1.4	0.7	2	3.4	3	-0.9	-0.9
1975	-0.5	-0.5	-1.3	-1.7	-1.1	-3.1	-5.4	-4.5	-3.4	-4	1	0.6
1976	0.4	0	0.2	0	1.8	1.6	2.3	0.7	1.7	2.9	2.3	1.8
1977	2.2	2.1	-0.5	-0.8	-1.5	2.7	3.5	-1.4	-1.9	1	0	-0.6
1978	-0.9	-1	-1.4	-1.3	2.6	2.2	-1.8	-1.9	-1.8	2.2	2.5	-0.4
1979	-0.7	-1.3	-1.3	0.8	-0.5	3.6	4.6	5.4	4.8	-1.2	-1.8	-1.6
1980	-1.8	0.4	0	0	1.5	-2.3	0.9	1.3	-1.1	0.4	-1	1
1981	-0.2	-0.1	-0.2	0.7	0.6	1	-1.4	-3.4	0.1	0.5	2.1	1.8
1982	0.8	1.9	1.3	4.3	-1.1	0	-2.1	0.1	0.8	-0.4	0.9	0.9
1983	1.5	2.3	2.7	1.6	4	3.3	1.9	3	1.9	2.3	2.5	2.5
1984	2.4	2.1	1.2	1.5	1.5	-1.2	-2.9	-1.8	-2.9	0.6	0	0.4
1985	0.5	0.4	0.9	1.4	1.3	2.2	1.9	-0.8	-0.2	-1.4	-1.6	-1.4
1986	-1.7	-1.2	-1.3	-1.4	-2.4	-4	2.8	4.6	4.7	4.7	3.9	-0.4
1987	-0.8	-1.2	-2.2	-3	-3.7	-2.7	-1.7	-0.9	-1.9	-1.7	-1.3	-1.2
1988	-1.4	-0.8	-0.9	-0.9	-2.8	-3.9	-6.1	-2.9	-2.2	-2	-2.9	-2.9
1989	-2.3	-2.2	-0.8	-1.9	-2.7	-3.3	-4.9	-5.5	-5.7	-4.9	-4.6	0
1990	0	0	1.6	0.8	1.4	2.5	-0.5	-4.3	-3.7	-3	-2.8	-2.8
1991	-1.3	-1.7	-1.4	-1.9	-4.3	1.5	4	4.6	2	1.4	1.6	1.4
1992	1.9	2.8	2.7	-0.6	-2.3	-2.5	2.4	-3.5	-4.8	-3.1	-3.1	-3
1993	-2	-1.4	-2	-2	-2.5	-2.3	0.9	2	3.9	-0.8	-1.6	-1.4
1994	-1.4	-1.6	1.3	-2.1	0.6	1.5	-1.4	-2.2	0.7	1.8	1.4	1.6
1995	1.5	1.9	-0.3	-1.3	0.5	-0.6	1	1.8	3.5	2.7	2.5	1.8
1996	1.3	0.9	2.5	2.5	2.7	2	2.4	-0.9	-2.6	-3.3	0.8	0.5
1997	0.5	1.2	1.7	2.2	1.4	0.8	4.6	2.7	2.7	5.8	-1.2	-1.2

续表

年份	1月	2月	3月	4月	5月	6月	7月	8月	9月	10月	11月	12月
1998	−0.9	−0.9	−0.6	−1.2	−2.1	−2.6	1.7	−1.8	−3.8	−3.4	−3.5	−3
1999	−2.6	−2.8	−2.6	−1.6	−1.6	−2.9	2.3	2	−1.8	0.1	0.2	0.1
2000	0	0.3	0.8	1.5	−0.8	0.7	−0.3	0.2	−2	−1	−1.3	−0.9
2001	−1.5	−1.5	−1.3	−2.4	0.1	2.9	3.9	−0.1	−1.3	0	−0.1	−0.3
2002	−0.5	−0.8	−1	−2	1.8	−1.8	−3.1	−1.7	−3.8	−2.5	−3.1	−2.1
2003	−1.5	−2.5	−1.7	−1.9	−1.7	−1.1	−0.8	−3.2	−3.4	−3.6	−3.9	−2.5
2004	−1.9	−1.6	−1.2	−1.6	−1.7	−2.8	−1.2	−2.8	−3.5	−4.2	−3.6	−3.1
2005	−2.1	−2.3	−1.5	−1.5	−2.6	−1.4	−1.9	−2.2	−3.3	−2.4	−3.2	−2.1
2006	−2.3	−1.5	−1.5	−2.6	−3.1	−1.4	−3.2	−3.6	−5.3	2.2	1.1	0.8
2007	1.2	0	0	0.6	0	2.4	3.3	−0.8	0	−1.2	−2.1	0
2008	0.2	0.3	0.8	−0.9	2.4	−1.2	−0.8	−1	−1.5	−1.4	1.1	1
2009	−0.2	−1.8	0.8	0.7	−0.5	0.6	−0.9	−2.5	−4.7	−5	−4.9	−4.2
2010	−4.3	−4.8	−5	−4.1	−4.5	−2.9	−1.6	−3.7	0.3	0.3	0.2	0.8
2011	1.5	−0.7	−0.3	−1.3	−3.2	−3.4	−6.6	−8.6	−8.4	−6.3	−6.3	−4.8

附表 1－3　　　　赤水河綦江水系 Palmer 指标

年份	1月	2月	3月	4月	5月	6月	7月	8月	9月	10月	11月	12月
1961	−1.4	−0.3	0	0	−2.1	−3.1	−2	−1.7	−2.9	0.5	0	0.3
1962	0.8	−0.8	−1.2	−1.4	0.6	2.4	−1.8	2.3	−2.1	−1.8	−1.2	−1.6
1963	−1.7	−1.4	−2.6	−3	−3.8	−5.5	−6.6	−7.9	−9.2	−5.2	−4	−3
1964	−2.6	−1.8	−2.2	−2.4	−4.5	4.4	−3.3	0.7	1.5	1.7	1.5	1.7
1965	1.7	−0.3	−0.7	−1.1	0.1	0.8	−0.8	−0.5	2.3	−0.1	−1.2	−0.6
1966	−1.6	−1.9	−3	−2.9	−2.6	−2.7	−4.8	−4.9	−5.6	−4.3	−3.8	−3.1
1967	−2.7	−1.8	−1	−1.6	−2.1	2.5	−1.4	−1	0	−0.5	0	0
1968	−0.6	0	−0.6	1	1.5	1.9	3.6	5.2	−0.2	−0.1	−1.1	−2.1
1969	−2	−2	−2.4	−4.1	−5.5	−4.6	−2.7	−2.7	−3.5	1	2.6	2.3
1970	2	1.3	1.9	2.6	−0.1	−2.4	−0.6	−2	2.3	2.2	3.3	3.1
1971	2.7	−0.1	−0.7	−1	0.7	−1.7	−3.5	−3.9	−3	−2.1	−2.2	−1.7
1972	−2	0.7	0	1	3.5	−1.4	−2.3	−4.8	2.4	2.8	−0.4	−0.3
1973	−0.3	−1.1	−1.4	0.3	0.7	4.2	3.9	2.2	3.2	−1.4	−1.1	−0.7
1974	−0.6	−0.5	−0.7	1.9	−1.9	−1.4	−3.6	4.1	5	−0.6	−1.2	0
1975	0	0	−0.5	−0.2	0	−1.5	−3.5	2.1	0.9	0.6	1.5	1.4

续表

年份	1月	2月	3月	4月	5月	6月	7月	8月	9月	10月	11月	12月
1976	1.4	−0.5	0	−0.4	1.4	2.2	3.1	−2.2	0.7	0.1	0.1	0.5
1977	0.9	1.4	1.5	2.1	2.6	4.9	5.4	4.5	−0.4	−0.8	0	−0.5
1978	0	−0.2	−0.8	−0.9	1.2	1.4	−2.7	−4	−5.4	−4.4	−2.6	−2.9
1979	−2.4	−3	−2.6	−3.6	−3.6	1.2	0.5	1.6	2.5	−1.2	−1.3	0
1980	0.1	0.4	−0.4	0.9	−1.9	−3	−3.6	1.8	1.2	1.6	−1.1	−1
1981	−0.8	−1	−1.8	−1.7	−0.8	−2.2	−1.1	−3	−4.2	0.8	1.3	1.5
1982	0.5	0.6	0	0.1	1.1	2.5	2.8	−1.1	−0.2	−1.7	0.4	0.6
1983	1	1.1	1.7	2.2	2.5	−1	−1.1	0	0.6	−0.9	−0.9	−1
1984	−0.8	0.4	−0.3	−1.4	1.1	−3	1.5	6.6	5.2	3.5	2	2.2
1985	1.9	1.4	2.2	1.5	2.8	4.8	−1.6	−1.1	−0.5	−0.8	−0.7	−0.5
1986	−0.8	−0.6	−0.7	−1.3	−3.6	−3.5	1.9	1	1.6	−1.2	0.8	−0.6
1987	−0.9	−1.3	−1.7	−1.9	−1.7	−2.3	1.6	2.3	−0.1	−0.6	−0.7	−1.1
1988	−1.1	0.3	0.6	0.5	−0.6	−2.3	0.4	2.2	4.6	4	2.1	1.5
1989	1.5	1.6	2.1	2.7	−0.5	−0.4	0	−0.9	−1.9	0.5	0.2	0.3
1990	0	0.1	0.4	0.5	0.7	0.6	0.6	−2.6	−3.8	−0.8	−1.5	−1.6
1991	−1.2	−1	−1.2	−1.9	−3.4	0.7	1.4	0.9	0.6	1.3	0.8	1
1992	0.7	1.1	1.8	3.4	4.7	5.9	−2.2	−3	−4.6	−2.3	−2.9	−2.9
1993	−1.8	−1.4	−1.4	−1.5	−2.9	−4.5	−3	−1	−2.1	−1.5	−2.1	−1.9
1994	−1.7	−2.1	1.5	−1	−2	−1.6	−2.3	−3.5	0.5	2.2	1.3	1.8
1995	1.9	2	1.9	−1	0.7	0.8	−0.9	1.2	−1.4	0	0.2	0.5
1996	0.8	0.5	0.6	0.9	0.4	−0.5	3	−1.4	−2.6	−3.3	−1.4	−1.5
1997	−1.5	−1	−2	−1.1	−2.3	2.1	2	−2.8	1.6	−0.4	−1.4	0.1
1998	0.3	−0.3	−0.6	−1.8	−2.9	2.3	3.4	5	−1.3	−1.5	−2.3	−2.1
1999	−1.4	−1.8	−1.6	0.6	2.3	3.2	5	4.8	2.4	2.7	2.2	1.6
2000	1.2	1.1	1.1	2.5	−1.8	−1.3	−2	1.7	1.8	−0.2	−0.4	−0.4
2001	−0.4	−0.6	−1	0.5	−1.2	2.5	−3.3	−3.9	−4.8	0.9	0.5	1.1
2002	0.6	0.3	0.3	0	0	0	0	2	−1.7	−1.6	−2.2	−1.4
2003	−0.8	−1.7	−1.8	−2.2	−3.6	3.6	−0.4	−3.8	−3.1	−3	−2.8	0.4
2004	0.2	0.1	0.8	−0.6	−0.6	−0.6	1	−1	0.4	−0.4	−0.5	−0.7
2005	−0.8	−0.5	0.7	1.2	3.2	−1.3	−1	−0.7	−2.7	0.3	0	0.5
2006	1	1.6	1.8	−0.8	−1.9	−0.8	−2.7	−4.7	−4.9	0.6	1.1	1
2007	1.2	0	0	1.5	−2.7	0.3	2.7	−1.6	0.8	0.4	−1.3	−1.2

续表

年份	1月	2月	3月	4月	5月	6月	7月	8月	9月	10月	11月	12月
2008	0.4	0.8	0.8	1	−1.8	−2.8	−0.9	−0.7	−3	1.9	3.4	−0.1
2009	0	−0.5	−0.4	−1.2	−1.5	−1	−1.6	1.5	−2.7	−2.3	−2.1	−1.5
2010	−1.8	−2.2	0	0.2	0.2	1.7	−1.9	−2.9	−3.6	0.9	0.7	0.8
2011	1.3	−0.8	−0.3	−1.7	−2.9	−1.6	−3.5	−6	−6.5	−3.4	−3.6	−2.3

附表 1-4　　红水河水系 Palmer 指标

年份	1月	2月	3月	4月	5月	6月	7月	8月	9月	10月	11月	12月
1961	0.2	0.3	−0.2	3.3	−1	−3	1.2	0.5	0	1.6	2	2.7
1962	2.2	−0.8	−1.1	−1.5	−3	−0.9	−3	−2.6	−3.5	−3	−2.7	−2.5
1963	−2.4	−1.7	−1.5	−3.6	−3.6	−5.3	−2.9	−4	−5.5	0.6	2.3	2.5
1964	1.7	2.3	1.8	3.4	−1.6	−1.2	−1.9	2.5	−1.4	0	−0.6	0
1965	−0.5	−0.9	0.9	1.7	−1.9	−1.3	−2.4	2.2	−1.3	4.7	−0.4	0
1966	−0.4	−1.4	−1.9	−2.4	0.3	1.3	0	−2.1	−3.6	−1.2	−1.7	−1.3
1967	−1.4	−0.7	−0.9	−0.6	−1.1	−2.1	0.9	1.5	3	1.3	1.9	2.2
1968	1.5	1.4	0.9	2.6	2.7	2.5	4.3	4.1	−1.9	−1.3	−1.3	−1.9
1969	−1.6	−1.7	−2.2	1.6	0.9	2.7	3.1	6	−1.7	−1	−0.8	−1
1970	−0.5	−1	0	−0.7	−0.1	−2.2	5.4	−1.8	−2.7	−3.5	−3.7	1.6
1971	1.1	0.3	0	0.4	0.5	3	0.8	3.3	2	2.5	1.2	1.5
1972	0.8	0.8	1.2	2	2.7	−0.8	−5.1	−6.1	2.9	2.5	3.3	3.2
1973	3	−0.9	−0.7	0	−0.8	−1	0.6	1.2	1.5	0	−0.3	−0.7
1974	−0.4	−0.6	−0.8	0.6	−2.1	1.9	1.8	2.5	−0.7	−0.7	−1.6	−1.5
1975	−1.2	−1.1	−1.5	0.1	1.3	−1.3	−4	−3.4	−2.8	−3.9	−2.7	−2.3
1976	−2	−2.4	0.3	0	1.7	3.3	3.5	1.8	1.8	4.1	3.8	3.1
1977	3	2.5	−0.7	−0.5	−0.7	1.5	2.6	1.9	1.5	3.4	−0.3	−1
1978	−1	−1.3	−1.4	0.2	1.2	−0.1	−2.3	−2.9	−2.7	2.6	4.3	−0.3
1979	−0.6	−1.4	−1.6	0.5	0.1	2.9	5.4	5.6	5.7	−1.4	−2	−1.6
1980	−1.2	−0.6	−0.8	−0.1	0	−2.9	0.1	1.2	0.8	1.2	−0.6	0.9
1981	0.4	0.3	−0.7	−1.2	−1.7	−3.5	−3.8	−5.9	0.3	0.5	2.3	1.5
1982	0.7	1.9	0.9	1.9	1.3	2.4	−2.2	0.4	1.2	−1.2	1.6	1.3
1983	1.8	2.6	2.6	2.7	3	0	−2	2	1	1.2	1.2	1.4
1984	1.5	1.3	0.6	1.8	2.9	−2	−3.1	−2.1	−1.9	−1.3	−2.1	0.4
1985	0.2	0.2	0.6	0.3	1.1	−0.7	0.9	−0.9	−1	−1.1	−1.3	−1.1
1986	−1.5	−1.4	−0.9	−1.3	−3.1	−3.4	1	1.3	1.6	1.9	−0.5	−1
1987	−1.2	−1.9	−2.8	−4.2	−4.3	0.3	0.7	0.7	0.5	1.4	1.4	−0.3

续表

年份	1月	2月	3月	4月	5月	6月	7月	8月	9月	10月	11月	12月
1988	−0.6	0.5	0.4	−0.9	−3.7	−3.4	−4.8	3	3.3	−0.4	−1.6	−1.8
1989	−1.7	0.1	0.9	−1.5	−2.8	−3.7	−5.4	−4.8	−5.3	−4.9	−4.5	0.3
1990	0.4	0.4	1.9	0.7	1.8	2.4	−0.4	−3.7	1.7	0.7	0.1	0
1991	1.2	−0.8	0.4	−1.6	−2	0.8	2.5	2.1	−0.5	−0.9	0.4	0.3
1992	1	1.7	1.8	1.6	3.1	3.1	3.2	−3.1	−4.7	−4.1	−4.3	0.1
1993	0.5	1.3	0	0.4	0	0	2.9	2.8	3.6	−1.2	−1.3	−1.2
1994	−1.3	−1.2	0.7	−1.5	0.8	−0.4	−2.2	−3.2	0.9	2.3	1.9	1.9
1995	1.7	2.4	−0.5	−1.2	−1.1	0	0	0.5	1.5	−1.5	−1	−1.2
1996	−1.1	−1.3	1.9	1.3	1.1	1.4	2.1	−0.8	−3	−4	0.6	0.3
1997	0.3	0.9	1.1	1.3	−1.7	0.8	3.1	−2.4	1.5	4.3	2.6	2.6
1998	2.6	2.4	0	−1.2	−1.2	−1.4	0.6	−1	−2.8	−1.8	−2.4	−2.1
1999	−1.9	−2.4	−2.2	−2.6	−3.1	−3.3	4	5.5	−1.7	−1.3	−0.7	−0.9
2000	−1.1	−0.7	0	0	−1.1	5.2	−2	−0.5	−0.6	−0.8	−1	−0.7
2001	−1.2	−1.4	−1.5	−2.6	−2.8	2.9	−0.6	−1.4	−3.2	0.3	0.6	0.4
2002	0	0	0.7	−0.7	2	−0.5	−1.3	2.8	−2	−1.1	−2.1	−1
2003	−0.8	−2	−1.9	−0.8	−0.9	−0.9	−2.1	−4.5	−4.4	−3.9	−3.9	0.2
2004	0.5	0.3	0	1	1.4	−2.3	2.3	−0.5	−1.6	−2.8	−2.7	−2.4
2005	0.5	0.2	0.7	−1	−2.4	−1.1	−3.6	−3.4	−4.9	−5	−5.1	−3.7
2006	−3.4	−2.6	−2.3	−2.7	−3.3	−1	−1.2	−2.2	−3	−1.3	−1.7	−1.5
2007	−0.8	−2.2	−1.9	−1.4	−3.9	0.9	3.4	2.6	2.4	−1.7	−2.6	0
2008	0.2	0.2	0.9	−1	3.6	1	1.9	3.3	3	2.1	2.7	−0.2
2009	−0.5	−2	1	1	1.7	−0.9	−1.9	−3.3	−5.2	−5.4	−5.2	−4.3
2010	−4.4	−4.7	−4.9	−4.9	−4.9	5	5.4	2.4	3.9	3.7	2.9	3.3
2011	3.3	−0.8	−0.7	−1.5	−2	−2	−5.2	−6.5	−5.4	−2.5	−2.9	−2.3

附表1-5　　　　沅　江　水　系

年份	1月	2月	3月	4月	5月	6月	7月	8月	9月	10月	11月	12月
1961	−1.4	0.2	0.9	2.9	−1.1	−4.2	−4.4	0.5	0	1.7	2.7	2.8
1962	0	−1.5	−1.5	0.4	1.1	−0.3	−2.3	−0.9	−2	−1.4	−1.3	−0.8
1963	−1.2	−0.9	−1.4	−2.2	−3.1	−5.5	−2.9	−4.2	−4.5	0.4	3.7	3.7
1964	3.1	3.5	2.8	4.9	−2	−1.6	−2.3	−1.9	−2.2	0.7	0	0.5
1965	0	0	0.8	1.3	2.1	−0.7	−1.8	1.3	−0.8	2.8	2.1	2.4
1966	−0.9	−1.7	−3	−2.2	−1.4	−2.6	−1.3	−3.7	−4.6	−2.8	−3.3	0.5

续表

年份	1月	2月	3月	4月	5月	6月	7月	8月	9月	10月	11月	12月
1967	0	0.5	0	0.6	0.4	0.4	-0.7	2.7	3.7	2.5	3.2	3.2
1968	2.3	2	1.8	2.1	1.2	2.4	3.3	3.4	-0.6	-0.9	-0.7	-0.7
1969	-0.5	-0.5	-0.7	-2.1	-2.7	1.3	2	3.7	-2.2	-1.2	0	-0.6
1970	-0.3	-0.7	1.5	-0.3	-0.4	-1.6	3.3	-0.7	0	-1.7	-1.7	1.1
1971	-0.4	-0.5	-0.6	-0.5	1.4	2.3	-2	1.5	-1.2	-0.9	-1.8	-1.1
1972	-1.5	0.7	-0.6	1.2	-0.1	-1.4	-4.4	-5.6	2.9	3.9	4	3.7
1973	3	1.7	0.7	1.1	1.1	1.2	0.7	1.3	2.5	-0.9	-1.2	-1.6
1974	0.7	-0.4	-1.4	1.8	-1	1.9	2	-0.9	-1.8	-2.6	-3.3	-2.4
1975	-2.4	-2.4	-2.6	1.3	3.4	-2.5	-4	-3.3	-3.2	-3.7	1.3	1
1976	0.9	0	0.3	1.9	0.7	1.6	-0.4	-0.5	-1.1	1.1	1.6	1.4
1977	1.7	1.5	-0.7	0.4	2	3.3	2.5	2.1	1.5	2.9	-0.1	-0.7
1978	-0.7	-1.3	-1.6	-2.3	2.3	-1.1	-3.3	-3.3	0.7	1.2	2.7	-0.5
1979	-1	-1.9	-1.8	-2.9	0.2	2.5	4	3.6	3.4	-1.5	-2.2	-2.3
1980	0.3	0.7	1.1	1.7	2	-2.1	1.9	2.9	-1.2	0	-0.9	-0.6
1981	-0.2	-0.7	-1.3	0.9	1.4	-1.8	-3.1	-5	-4.4	0.6	2.3	1.2
1982	0.4	1.9	-0.6	-0.1	-0.8	0.9	-1.7	0.5	3	2.7	3	2.6
1983	3	3.5	2.6	2.6	-1.3	-1.6	-2.5	-2.9	-3.1	-2.8	-2.4	0.5
1984	0.8	0.8	-0.4	0.3	2.4	-1.8	-3.2	1	0.5	0.8	0	1.2
1985	0.6	0.9	1.4	-0.8	-0.7	-2.6	-3.2	-2.1	-2.9	-3.2	-2.5	-1.8
1986	-2	-1.7	-1.5	-2.3	-3.4	-3	-1	-1.6	-2.4	-1.8	-1.9	-2.1
1987	-2.5	-2.9	-3	-3.5	0.1	1.7	-0.3	-1.1	0	1.1	1.6	-0.5
1988	-0.6	0.6	0.5	-1.1	-2.4	-2.4	-3.9	3.4	4.8	-0.7	-2	-2.3
1989	0.1	0.8	0.9	0.7	-2.1	-2.3	-3.5	-4	-2.9	-3	-2.8	-2.3
1990	0.3	0.8	1.3	0.7	0.8	1.3	-0.7	-2.6	1.7	1.9	1.1	1
1991	2.1	1.4	2.6	-0.9	-1.6	-2.3	2.9	2.4	-1	-1	0.6	0.6
1992	-0.4	0.4	1.8	1.7	2	2.3	-0.1	-2.6	-2.9	-3.2	-3.8	-2.9
1993	-1.7	-1.4	-1.4	-2.2	-2.1	0.6	4.7	4.3	-0.1	-0.4	-0.5	-0.2
1994	-0.7	-0.7	0.8	0.9	-0.5	-2.2	1	0.4	1.6	4.7	3.6	3.4
1995	3	3.1	2.1	1.2	1.4	3.4	-1	-1.4	-1.3	-2.2	-1.9	-1.9
1996	-1.4	-1.8	1.2	-0.1	-0.6	0.6	5.5	5	-2	-2.4	-1.9	-1.8
1997	0	0.5	0.4	1.2	-1.1	0	1	-2.2	1.6	3.6	2.6	2.7
1998	3	-0.3	-0.1	-1.6	-1.7	1.1	1.6	-1.2	-2.2	-1.8	-2.5	-2.2

续表

年份	1月	2月	3月	4月	5月	6月	7月	8月	9月	10月	11月	12月
1999	−2.2	−3.2	−2.8	−2.1	−2	0	2.6	3.2	−0.5	−0.8	−0.9	−1.4
2000	0	0.1	1	0.7	−0.9	1.1	−1.4	1.4	1.8	1.7	−0.1	−0.2
2001	−0.3	−0.7	−1.4	0.6	−0.8	−0.9	−1.2	−0.9	−2.9	−2.5	−1.8	−1.2
2002	−2.4	−2.4	−2.4	0.5	2.7	1.8	1	3.7	−0.9	0	−1.2	0
2003	−0.1	−0.9	−0.7	1.3	1.5	−0.7	−1.9	−3.6	−3.5	−3.1	−3.5	−2.5
2004	−1.8	−2.1	−1.5	−2	−1.2	−2.4	4	−0.8	−1.1	−2.3	0.6	0.8
2005	1.5	2.1	1.9	−1.6	−2.1	−3	−4.1	−3.7	−5	−4.9	−4.5	−3.4
2006	−2.9	−1.3	−1.3	−1.4	−2	−1.8	−2.5	−3	−2.9	−2.6	−2.3	−1.9
2007	−0.9	−2.7	−2.3	−1.6	−3.5	0.8	2.2	1.8	1.8	−1.8	−2.8	0
2008	0.6	0.7	0.9	−1.4	−1.8	−3.2	0.9	2.1	−1.5	−1.9	3.3	−0.4
2009	−0.5	−1.3	0.1	2.7	−0.6	−0.7	−0.8	−3	−4.1	−4.6	−4	−2.8
2010	−3.4	−4	−3.7	−2.8	−2.6	−0.7	−2.2	−2.3	1	1.5	−0.7	1.2
2011	1.7	−0.5	−0.4	−2.2	−2.8	−1.2	−4	−5.6	−5.2	−2.2	−2.9	−2.4

附录2 乌江流域上、中、下游月降水距平

附表2-1 乌江流域上游（务川站）月降水距平计算结果

年份	1月	2月	3月	4月	5月	6月	7月	8月	9月	10月	11月	12月
1961	0.13	0.25	0.36	−0.21	0.07	−0.11	−0.29	0.02	−0.03	−0.29	0.48	−0.07
1962	0.12	0.09	0.17	−0.26	0.37	0.13	−0.76	0.12	0.01	0.15	0.26	1.42
1963	−0.83	0.13	−0.27	0.85	0.45	−0.18	−0.06	0.63	−0.57	0.50	0.27	0.31
1964	0.34	−0.16	0.42	−0.10	0.15	0.46	−0.24	−0.32	−0.06	0.28	−0.05	−0.03
1965	0.32	0.20	−0.13	−0.15	−0.04	−0.08	−0.57	−0.37	0.40	−0.22	−0.02	0.14
1966	−0.14	0.99	2.07	0.34	0.13	0.07	−0.70	0.11	−0.10	0.63	−0.08	0.24
1967	−0.34	−0.05	1.18	−0.10	0.36	0.24	0.47	−0.25	−0.19	−0.15	0.04	−0.10
1968	0.22	−0.04	1.26	0.53	−0.10	0.31	0.49	−0.31	0.54	−0.07	0.23	0.05
1969	0.32	−0.14	0.08	0.46	−0.05	−0.16	0.08	0.39	0.72	0.17	−0.01	0.10
1970	0.36	0.19	−0.26	0.17	0.09	0.38	−0.15	−0.34	0.07	−0.21	0.14	−0.12
1971	0.96	0.02	0.24	−0.42	−0.33	−0.06	0.03	−0.31	0.86	0.22	−0.40	0.12
1972	−0.52	−0.15	0.19	0.57	0.34	−0.37	−0.23	−0.30	−0.05	0.27	0.31	−0.24
1973	−0.22	0.57	0.30	0.23	0.24	0.18	−0.01	0.13	0.59	−0.56	−0.04	−0.28
1974	−0.27	−0.05	1.14	0.01	0.08	0.16	−0.47	−0.02	−0.23	−0.35	−0.12	−0.24
1975	−0.45	−0.22	1.04	0.22	0.07	0.30	−0.58	−0.64	−0.05	0.23	0.07	−0.45

续表

年份	1月	2月	3月	4月	5月	6月	7月	8月	9月	10月	11月	12月
1976	−0.30	0.11	−0.26	−0.23	0.09	−0.13	0.27	−0.51	1.20	0.08	0.49	−0.11
1977	−0.39	0.01	0.47	0.21	−0.06	0.05	−0.01	0.05	0.39	0.15	0.25	0.23
1978	0.63	0.88	−0.23	0.80	0.08	0.15	−0.19	0.07	−0.28	0.13	0.24	0.49
1979	−0.07	0.42	0.28	0.28	0.06	0.08	−0.27	−0.46	0.41	−0.13	−0.26	0.02
1980	−0.06	−0.40	0.24	0.10	−0.16	−0.11	0.50	0.53	−0.08	0.34	−0.04	−0.37
1981	−0.17	−0.41	0.16	0.18	0.30	0.13	−0.60	0.63	−0.07	−0.26	−0.14	−0.97
1982	−0.14	−0.44	−0.50	0.14	0.43	0.19	0.14	0.03	−0.17	0.28	−0.29	0.40
1983	0.13	−0.38	−0.01	0.22	−0.15	0.70	0.66	−0.02	−0.64	−0.09	−0.05	−0.41
1984	−0.33	−0.61	0.17	−0.24	−0.14	0.83	0.04	0.22	0.45	0.59	0.60	0.26
1985	−0.40	0.38	0.03	−0.11	0.24	−0.28	0.33	−0.36	0.02	0.48	0.12	0.12
1986	−0.01	−0.06	−0.25	0.33	−0.44	−0.20	0.13	−0.11	−0.12	0.43	0.21	0.90
1987	−0.32	−0.53	−0.18	0.47	−0.30	−0.16	−0.04	0.01	−0.25	−0.12	0.02	0.06
1988	0.07	−0.16	−0.05	−0.12	0.04	−0.26	0.43	−0.43	−0.09	0.06	−0.77	0.49
1989	0.20	0.07	0.00	0.56	0.24	−0.09	−0.37	−0.12	0.05	0.83	0.38	0.59
1990	0.05	0.37	0.04	0.08	0.34	−0.21	−0.10	−0.90	−0.04	−0.16	0.45	−0.67
1991	−0.29	−0.33	0.72	0.15	0.51	−0.35	−0.31	0.18	−0.29	0.12	−0.03	0.15
1992	−0.69	0.21	−0.06	−0.08	0.03	−0.05	−0.41	0.46	0.50	−0.09	0.62	0.00
1993	0.10	−0.08	0.35	0.15	0.15	0.19	−0.22	0.43	−0.07	0.43	0.28	−0.13
1994	−0.43	−0.08	−0.15	−0.04	0.04	−0.17	−0.10	−0.25	−0.09	−0.16	0.05	0.13
1995	−0.02	−0.10	−0.15	−0.15	0.32	−0.11	−0.28	−0.12	−0.25	0.13	0.03	0.05
1996	0.09	−0.60	0.11	−0.22	0.09	0.00	0.47	−0.27	−0.10	0.00	0.77	−0.38
1997	−0.19	0.37	−0.30	0.31	0.07	−0.33	0.16	0.23	−0.05	−0.24	−0.20	0.64
1998	−0.04	−0.08	−0.46	−0.21	0.23	−0.24	−0.03	0.12	0.07	−0.18	−0.58	−0.36
1999	0.19	0.12	−0.34	0.20	0.10	0.60	−0.19	0.07	0.15	0.29	0.50	−0.69
2000	0.22	−0.30	0.03	0.19	−0.21	−0.02	−0.36	0.22	−0.38	0.17	0.05	−0.04
2001	−0.24	−0.38	0.32	0.36	−0.17	−0.19	−0.41	−0.60	−0.56	−0.06	−0.29	−0.27
2002	0.39	0.02	0.74	0.32	0.14	0.19	−0.68	−0.04	0.20	−0.08	0.65	0.37
2003	−0.01	0.40	−0.09	−0.02	−0.08	0.12	1.05	0.28	0.11	−0.07	0.16	−0.08
2004	0.27	0.21	0.71	0.07	0.28	0.44	−0.19	0.41	−0.07	0.75	0.16	0.02
2005	−0.22	0.31	0.08	0.12	0.46	−0.15	−0.63	−0.10	−0.40	0.10	−0.21	−0.38
2006	−0.01	0.28	−0.03	−0.01	0.28	0.10	0.15	−0.42	−0.07	−0.10	0.32	0.07
2007	−0.05	0.14	0.11	−0.18	0.05	−0.11	−0.15	−0.01	−0.21	0.63	−0.77	−0.21

续表

年份	1月	2月	3月	4月	5月	6月	7月	8月	9月	10月	11月	12月
2008	−0.39	0.29	0.22	0.07	0.09	−0.36	0.08	−0.11	0.29	−0.03	−0.12	−0.22
2009	−0.02	−0.22	0.23	0.31	0.05	0.91	−0.21	−0.11	−0.26	−0.17	0.03	0.08
2010	0.09	−0.79	−0.03	0.32	0.63	0.30	0.36	−0.13	−0.22	0.02	−0.06	−0.29
2011	−0.46	−0.42	0.06	−0.33	0.16	0.41	−0.70	0.40	−0.52	0.19	0.27	−0.05

附表 2-2　　乌江流域中游（息烽站）月降水距平计算结果

年份	1月	2月	3月	4月	5月	6月	7月	8月	9月	10月	11月	12月
1961	0.86	−0.19	−0.16	−0.17	−0.09	−0.30	−0.41	0.53	0.18	0.05	0.20	0.16
1962	−0.05	−0.22	−0.49	0.28	−0.23	−0.14	0.07	−0.08	−0.07	−0.13	0.05	−0.38
1963	1.58	−0.20	−0.07	−0.40	−0.11	−0.12	−0.07	0.16	0.11	−0.25	−0.04	0.04
1964	0.25	0.38	−0.28	0.08	−0.04	−0.15	−0.18	0.19	0.08	0.14	0.66	0.36
1965	0.08	−0.12	0.01	−0.04	0.26	−0.25	0.09	−0.45	−0.51	0.07	−0.27	0.11
1966	−0.24	0.11	−0.33	0.04	0.22	0.02	−0.14	−0.69	−0.25	−0.24	0.45	−0.05
1967	−0.02	−0.09	−0.28	−0.24	−0.30	−0.13	−0.20	−0.33	−0.07	0.30	0.27	−0.10
1968	0.01	−0.40	−0.52	−0.33	−0.06	−0.16	−0.27	0.04	−0.43	0.22	−0.40	−0.14
1969	0.10	0.01	−0.15	−0.17	0.06	0.13	−0.26	0.18	−0.63	0.22	−0.05	0.11
1970	−0.22	−0.06	−0.17	−0.09	−0.24	−0.12	−0.20	1.22	0.33	0.21	−0.06	0.32
1971	−0.53	0.00	−0.45	0.14	0.01	0.22	0.18	0.18	−0.15	0.22	0.63	0.01
1972	0.03	0.10	−0.46	−0.37	−0.11	0.48	−0.51	−0.72	0.01	0.45	−0.01	0.05
1973	0.07	−0.39	−0.19	−0.26	0.01	0.21	0.12	−0.06	−0.15	0.55	0.37	0.75
1974	−0.01	−0.48	−0.18	0.24	0.13	0.23	−0.09	0.07	−0.08	−0.07	−0.08	0.23
1975	0.22	−0.07	−0.31	0.94	0.16	−0.12	−0.90	0.12	−0.35	0.03	0.03	−0.12
1976	0.04	−0.40	−0.16	0.20	−0.24	−0.16	−0.21	0.18	−0.08	−0.54	0.30	0.06
1977	−0.04	0.08	−0.25	−0.16	0.17	0.29	−0.27	0.04	−0.08	−0.02	0.10	−0.04
1978	−0.27	−0.25	−0.41	−0.45	−0.14	0.27	−0.04	−0.61	0.10	0.25	−0.05	0.32
1979	−0.14	−0.68	−0.06	−0.39	0.09	−0.08	0.14	0.19	0.48	0.04	0.46	0.19
1980	0.01	−0.06	0.51	0.06	0.29	0.47	0.00	−0.44	−0.18	−0.05	0.65	0.15
1981	0.13	0.02	−0.49	0.52	−0.37	−0.61	0.21	−0.55	−0.03	0.19	0.09	0.06
1982	0.00	0.12	−0.18	0.30	−0.14	−0.04	0.21	−0.01	−0.07	−0.12	0.03	0.18
1983	−0.01	−0.11	−0.02	−0.04	−0.14	−0.43	0.04	−0.58	−0.45	−0.02	0.03	−0.05
1984	−0.26	0.16	−0.25	0.00	−0.02	0.34	−0.11	−0.29	0.27	0.20	−0.16	−0.08
1985	0.09	−0.42	0.42	0.23	−0.36	−0.10	−0.42	0.08	−0.42	−0.15	0.04	−0.28
1986	0.21	−0.28	−0.16	−0.09	−0.03	0.20	−0.31	0.38	−0.16	−0.18	0.18	−0.26

续表

年份	1月	2月	3月	4月	5月	6月	7月	8月	9月	10月	11月	12月
1987	0.45	0.49	0.27	0.27	−0.38	−0.34	−0.03	0.30	0.37	0.13	−0.08	−0.51
1988	0.02	−0.25	−0.66	0.06	−0.15	−0.11	0.44	−0.21	−0.04	−0.17	0.05	0.12
1989	0.01	0.12	−0.08	−0.53	0.04	0.33	0.51	−0.10	0.24	−0.37	−0.25	−0.44
1990	−0.11	−0.22	0.32	−0.43	−0.03	−0.03	−0.73	−0.10	−0.32	0.06	−0.01	0.54
1991	−0.12	0.11	−0.55	−0.27	−0.18	0.24	0.53	0.11	−0.09	−0.09	0.28	−0.19
1992	0.46	−0.04	−0.25	0.02	−0.12	−0.21	−0.29	−0.71	−0.38	0.33	0.64	0.05
1993	0.12	−0.03	−0.49	−0.30	0.23	−0.48	0.39	−0.41	0.10	−0.30	−0.24	−0.19
1994	0.30	−0.36	0.32	0.14	0.08	−0.10	−0.38	−0.01	0.13	0.13	−0.06	0.12
1995	0.00	0.06	0.54	−0.44	0.31	0.18	−0.22	−0.41	−0.27	0.10	0.08	−0.51
1996	−0.01	−0.68	−0.23	0.79	−0.03	0.24	−0.02	−0.33	−0.29	−0.08	−0.25	−0.01
1997	0.23	−0.49	−0.08	−0.17	−0.11	−0.54	−0.04	−0.50	0.15	0.28	−0.48	0.11
1998	0.09	−0.19	−0.32	−0.56	−0.30	0.23	−0.43	−0.36	−0.34	−0.16	0.08	0.14
1999	0.10	−0.22	0.16	−0.53	−0.03	−0.42	0.25	0.37	0.36	0.20	−0.14	0.58
2000	−0.14	0.34	−0.24	0.28	−0.09	−0.13	0.09	−0.22	−0.28	0.29	0.01	0.78
2001	0.17	0.12	0.03	−0.26	0.01	0.06	0.19	−0.50	−0.18	0.26	−0.13	0.30
2002	−0.65	0.16	0.23	0.21	−0.09	−0.01	0.44	0.14	−0.07	0.14	−0.05	−0.32
2003	−0.04	0.03	−0.15	−0.30	0.05	−0.17	−0.33	−0.69	0.04	−0.08	0.10	0.28
2004	0.32	−0.19	−0.25	0.23	0.16	−0.27	0.52	−0.20	−0.47	−0.39	−0.52	0.12
2005	0.01	−0.24	−0.23	−0.19	−0.23	0.15	0.57	−0.26	−0.61	0.24	−0.34	0.07
2006	−0.21	−0.28	0.15	−0.45	0.23	−0.60	0.12	0.31	−0.18	0.05	−0.22	0.49
2007	−0.16	−0.15	−0.35	0.27	0.16	−0.06	0.31	0.15	0.25	−0.13	−0.17	0.21
2008	−0.53	−0.26	−0.32	−0.22	0.07	−0.30	0.32	−0.14	−0.30	−0.15	0.13	−0.05
2009	0.38	0.79	0.22	−0.17	−0.30	−0.14	0.40	−0.29	−0.22	−0.05	−0.43	−0.11
2010	0.02	−0.21	−0.62	−0.09	−0.19	−0.42	−0.31	−0.63	0.21	0.14	0.06	0.33
2011	−0.32	−0.58	0.49	−0.09	−0.33	−0.33	−0.37	0.07	−0.43	0.37	0.22	0.15

附表 2-3　　乌江流域下游（赫章站）月降水距平计算结果

年份	1月	2月	3月	4月	5月	6月	7月	8月	9月	10月	11月	12月
1961	−0.87	−0.54	−0.63	−0.39	−0.48	0.68	−0.07	0.10	−0.24	−0.31	−0.72	−0.80
1962	−0.54	−0.55	−0.61	−0.30	−0.35	−0.54	0.22	−0.09	−0.29	−0.41	−0.66	−0.98
1963	0.27	−0.66	−0.12	−0.83	−0.64	−0.17	−0.38	0.16	−0.29	−0.48	−0.79	−0.77
1964	−0.83	−0.87	−0.87	−0.50	−0.27	−0.66	−0.56	−0.15	0.59	−0.53	−0.71	−0.67
1965	−0.75	−0.63	−0.20	−0.55	−0.43	−0.15	−0.38	0.25	−0.18	−0.16	−0.47	−0.56

续表

年份	1月	2月	3月	4月	5月	6月	7月	8月	9月	10月	11月	12月
1966	−0.87	−0.68	−0.87	−0.60	−0.35	0.29	0.75	0.35	0.29	−0.69	−0.85	−0.58
1967	−0.31	−0.60	−0.83	0.07	−0.55	−0.13	−0.35	−0.32	−0.29	−0.57	−0.48	−0.28
1968	−0.94	−0.22	−0.83	−0.45	−0.33	−0.31	−0.28	0.04	0.59	−0.43	−0.91	−0.98
1969	−0.83	−0.79	−0.60	−0.85	−0.69	−0.45	0.16	−0.54	0.43	−0.82	−0.35	−0.77
1970	−0.66	−0.85	−0.43	−0.27	−0.61	−0.17	0.14	0.72	−0.10	−0.14	−0.38	−0.53
1971	−0.48	−0.79	−0.83	−0.57	−0.48	0.25	−0.14	0.63	−0.57	−0.41	−0.33	−0.83
1972	−0.65	−0.73	−0.87	−0.60	−0.15	−0.47	1.60	1.26	−0.37	−0.77	−0.19	−0.63
1973	−0.82	−0.67	−0.78	−0.67	−0.52	−0.41	−0.08	0.52	0.09	−0.13	0.20	−0.35
1974	−0.93	−0.61	−0.65	−0.38	−0.21	−0.35	0.17	0.26	−0.27	−0.65	0.20	−0.81
1975	−0.54	−0.63	−0.75	−0.66	−0.71	−0.44	0.68	−0.09	0.53	−0.45	−0.56	−0.69
1976	−0.34	−0.75	−0.31	−0.60	−0.45	−0.07	0.39	0.54	−0.26	−0.28	−0.78	−0.65
1977	−0.66	−0.36	−0.73	−0.58	−0.60	−0.30	−0.23	−0.09	0.15	−0.65	−0.28	−0.87
1978	−0.07	−0.69	−0.74	−0.72	−0.18	0.01	−0.52	0.95	−0.56	−0.40	−0.54	−0.99
1979	−0.55	−0.86	−0.85	−0.58	−0.80	−0.53	−0.36	0.51	−0.12	−0.03	−0.10	−0.19
1980	−0.76	−0.88	−0.66	−0.68	−0.17	−0.27	−0.30	0.17	0.18	−0.44	−0.77	−0.54
1981	−0.60	−0.76	−0.53	−0.52	−0.28	0.57	0.44	−0.01	0.60	−0.63	−0.78	−0.10
1982	−0.71	−0.69	−0.74	0.12	−0.16	−0.21	−0.19	−0.11	−0.09	−0.14	−0.81	−0.80
1983	−0.58	−0.23	−0.12	−0.56	−0.34	−0.25	−0.03	0.57	0.79	−0.44	−0.31	−0.34
1984	−0.52	−0.84	−0.52	−0.11	0.17	−0.67	−0.11	0.01	−0.58	−0.84	−0.90	−0.77
1985	−0.54	−0.68	−0.67	−0.19	−0.62	0.25	−0.09	0.08	0.72	−0.44	−0.79	−0.64
1986	−0.72	−0.22	−0.66	−0.62	−0.09	−0.48	−0.02	−0.08	−0.20	−0.12	−0.57	−0.88
1987	−0.77	−0.67	−0.67	−0.82	−0.51	−0.14	−0.28	−0.46	0.01	−0.71	−0.71	−0.37
1988	−0.98	−0.72	−0.72	−0.61	−0.72	−0.17	0.89	0.53	−0.54	−0.55	1.20	−0.95
1989	−0.79	−0.85	−0.15	−0.83	−0.54	−0.14	−0.53	0.26	−0.11	−0.40	−0.82	−0.86
1990	−0.65	−0.62	−0.61	−0.31	−0.32	−0.46	0.10	3.00	0.05	−0.12	−0.73	−0.91
1991	−0.58	−0.73	−0.73	−0.53	−0.01	−0.59	−0.66	0.73	0.21	−0.30	−0.54	−0.91
1992	−0.40	−0.52	−0.57	−0.18	−0.73	−0.32	−0.07	1.33	0.17	−0.22	−0.63	−0.76
1993	−0.76	−0.55	−0.59	−0.10	−0.28	−0.53	0.00	−0.50	−0.03	−0.54	−0.94	−0.79
1994	−0.83	−0.55	−0.07	−0.82	−0.55	−0.27	0.33	0.40	−0.18	−0.50	−0.56	−0.86
1995	−0.37	−0.61	−0.63	−0.84	−0.47	−0.35	−0.08	0.41	0.07	−0.64	−0.37	−0.15
1996	−0.76	−0.38	−0.36	−0.22	−0.32	−0.71	−0.46	−0.13	0.10	−0.76	−0.67	−0.88
1997	−0.80	−0.18	−0.65	−0.70	−0.45	0.42	−0.18	0.09	0.09	−0.49	−0.86	−0.82

续表

年份	1月	2月	3月	4月	5月	6月	7月	8月	9月	10月	11月	12月
1998	−0.48	−0.55	−0.81	−0.15	−0.57	−0.41	−0.05	0.07	0.31	−0.49	0.66	−0.76
1999	−0.53	−0.60	−0.69	−0.62	−0.53	−0.49	−0.11	−0.06	−0.29	−0.58	−0.65	−0.58
2000	−0.57	−0.55	−0.37	−0.40	−0.56	−0.38	−0.54	−0.20	0.00	−0.36	−0.90	−0.91
2001	−0.92	−0.52	0.91	−0.61	−0.42	−0.05	0.26	1.12	0.16	−0.49	−0.26	−0.84
2002	−0.47	−0.81	−0.64	−0.81	−0.38	−0.48	0.00	−0.17	−0.69	−0.21	−0.42	−0.78
2003	−0.90	−0.94	−0.47	−0.75	−0.71	0.06	−0.65	0.10	−0.16	0.14	−0.71	−0.65
2004	−0.86	−0.68	−0.54	−0.59	−0.51	0.08	−0.24	−0.05	−0.44	−0.80	−0.75	−0.70
2005	−0.67	−0.90	−0.41	−0.09	−0.62	−0.32	−0.47	0.01	1.10	−0.59	−0.68	0.08
2006	−0.65	−0.82	−0.52	−0.64	−0.37	−0.45	0.24	0.03	−0.34	−0.47	−0.53	−0.74
2007	−0.55	−0.61	−0.72	−0.50	0.26	−0.58	−0.48	0.45	0.29	−0.55	−0.18	−0.64
2008	−0.59	−0.38	−0.34	−0.40	−0.38	0.65	0.42	0.00	1.01	−0.27	−0.36	−0.69
2009	−0.68	−0.93	−0.61	−0.62	−0.73	−0.06	−0.16	0.63	−0.20	−0.44	−0.88	−0.78
2010	−0.85	0.38	−0.94	−0.69	−0.50	−0.46	0.25	0.18	−0.19	−0.13	−0.58	−0.94
2011	−0.55	−0.89	−0.77	−0.89	−0.46	0.21	1.24	−0.09	0.07	−0.44	−0.70	−0.54

参 考 文 献

1. 安顺清，邢久星．修正的帕默尔干旱指标及其应用［J］．气象，1985，11（12）：17－19.
2. 安顺清，邢久星．帕默尔旱度模式的修正［J］．气象科学研究院院刊，1986，1（1）：75－81.
3. 韦庆，卢文喜，田竹君．运用蒙特卡洛方法预报年降水量研究［J］．干旱区资源与环境，2004，18（4）：144－146.
4. 杨金玲，吴亚楠，谢森，李鸿雁．蒙特卡洛法在嫩江流域汛期降水量预测中的应用［J］. 南水北调与水利科技，2011，9（3）：28－29.
5. 王文圣．袁鹏，丁晶．最近邻抽样回归模型在水环境预测中的应用［J］．中国环境科学，2001，21（4）：367－370.
6. 王文圣，向红莲，丁晶．最近邻抽样回归模型在水文水资源预报中的应用［J］．水电能源科学，2001，19（2）：8－10.
7. 刘东，付强．小波最近邻抽样回归耦合模型在三江平原年降水预测中的应用［J］．灌溉排水学报，2007，26（4）.
8. 焦瑞峰，吴昊，师洋．基于灰色关联分析的蒙特卡洛法建立水库出库水质预测模型［J］. 环境工程，2006，24（4）：63－65.
9. 张弦．基于改进粒子滤波算法的移动机器人定位［D］．北京：北京邮电大学，2010.
10. 董丽丽，徐淑琴，刘杨，王云鹤．小波随机耦合模型在查哈阳农场降水量预测中应用［J］．中国农村水利水电，2011（4）：26－28.
11. 黄显峰，邵东国，阳书敏．降水时间序列分解预测模型及应用［J］．中国农村水利水电，2007（9）：6－8.
12. 周爱霞，张行南．优化适线法在水文频率分析中的应用［J］．人民长江，2007，38（6）：38－39.
13. 崔磊，迟道才，曲霞．基于小波消噪的平稳时间序列分析方法在降水量预测中的应用［J］．中国农村水利水电，2010（9）：30－35.
14. 任晔，徐淑琴．灰色神经网络组合模型在庆安县年降水量预测中的应用［J］．节水灌溉，2012（9）：24－25.
15. 迟道才，沈亚西，陈涛涛，等．灰色关联度组合模型在涝灾预测中的应用［J］．中国农村水利水电，2012（1）：80－82.
16. 迟道才，张瑞，张清，东昊．灰色神经网络组合模型（CNN）在涝灾预测中的应用［J］．沈阳农业大学学报，2008，39（1）：118－120.
17. 丰彦，高国荣．小波阈值消噪中分解层数的自适应确定［J］．武汉大学学报（理学版），2005，51（2）：11－14.

18. 冯定原，邱新法．农业干旱的成因、指标、时空分布和防旱抗旱对策．中国减灾，1995 (2)：22－26.
19. 冯清海，袁万城．BP 神经网络和 RBF 神经网络在墩柱抗震性能评估中的比较研究 [J]. 结构工程师，2007，123（5）：41－47.
20. 高炬，王繁强，黄祖英．小波分析在陕西省旱涝气候预测中的应用［J］．陕西气象，2006（6）：11－14.
21. 高庆华．关于建立自然灾害评估系统的总体构思［J］．灾害学，1991，6（3）：70－77.
22. 宫赤坤，毛罕平．温室夏季温湿度遗传模糊神经网络控制［J］．农业工程学报，2000，16（4）：106－109.
23. 郭桂蓉．模糊模式识别［M］．北京：国防工业出版社，1993：169－178.
24. 郭晶，杨章玉．MATLAB6.5 辅助神经网络分析与设计［M］．北京：电子工业出版社，2002：145－161.
25. 国家科委全国重大自然灾害综合研究组．中国重大自然灾害及减灾对策分论［M］．北京：科学出版社，1993.
26. 李帅，刘冀，杜发兴，汤振权．小波分析在宜昌地区降水变化中的应用［J］．中国农村水利水电，2009（5）：34－37.
27. 李安生．马尔可夫判据的无效区［J］．殷都学刊（自然科学版），1995（2）：18－20.
28. 李萍，曾令可，税安泽，金雪莉，刘艳春，王慧．基于 MATLAB 的 BP 神经网络预测系统的设计［J］．计算机应用与软件，2008，25（4）：149－150，84.
29. 李士勇．模糊控制·神经控制和智能控制论［M］．哈尔滨：哈尔滨工业大学出版社，1998.
30. 李炜，陈晓辉，毛海杰．小波阈值消噪算法中自适应确定分解层数研究［J］．计算机仿真，2009，26（3）：311－313，326.
31. 李晓峰，徐玖平，王荫清，等．BP 人工神经网络自适应学习算法的建立与应用［J］．系统工程理论与实践，2004，1（5）：1－8.
32. 林盛吉，张庆庆，俞超锋，许月萍．干旱指数在杭州市历年旱涝特征分析中的应用［J］．中国农村水利水电，2011（1）：69－73.
33. 刘昌明、何希吾．中国 21 世纪水问题方略［M］．北京：科学出版社，2001.
34. 刘德辅，褚晓明，王树青．沿海和河口城市防灾设防标准系统分析［J］．灾害学，2001（4）：1－7.
35. 刘东，付强．小波最近邻抽样回归耦合模型在三江平原年降水量预测中的应用［J］．灌溉排水学报，2007，26（4）：82－85.
36. 刘庚山，郭安红，安顺清，刘巍巍．帕默尔干旱指标及其应用研究进展［J］．自然灾害学报，2004（4）：21－26.
37. 刘倩，熊丽荣．基于人工神经网络算法对水稻需水量的预测［J］．华中农业大学学报，2007，26（5）：885－887.
38. 王殿武，迟道才，梁凤国，江行久等．区域旱涝特征分析及灾害预测技术研究［M］．北京：中国水利水电出版社，2011.5.
39. 邓聚龙．灰理论基础［M］．武汉：华中科技大学出版社，2002.
40. 郭化文．灰色系统在干旱灾害预报中的应用［J］．泰安师专学报，2001，23（6）：9－13.

41. 王伟．应用灰色模型预测镇雄县中心城区中长期用水量［D］．重庆大学．2012（5）：22－27.
42. 杨得平，刘喜华，孙海涛，等．经济预测方法及MATLAB实现［M］．北京：机械工业出版社，2012：180－185.
43. 边红娟，雷宏军，王勇．灰色理论在区域降水量预测中的应用——以河南商城县为例［J］．安徽农业科学，2009，37（13）：6059－6060.
44. 吴红斌，林炳东．灰色理论在干旱预测中的应用［J］．中国西部科技，2005（2）：30－32.
45. 邓丽仙，杨绍琼．灰色系统理论在滇池流域干旱预测中的应用［J］．人民长江，2008，39（6）：26－28.
46. 黄显峰，邵东国，阳书敏．降水时间序列分解预测模型及应用［J］．中国农村水利水电，2007（9）：6－8.
47. 任晔，徐淑琴．灰色神经网络组合模型在庆安县年降水量预测中的应用［J］．节水灌溉，2012.（9）：24－29.
48. 牛存稳，张利平，夏军．华北地区降水量的小波分析［J］．干旱区地理，2004，27（1）：66－70.
49. 钱镜林，张晔，刘国华．基于小波分解的径流预报非线性模型［J］．水利水电学报，2006，25（5）：17－21.
50. 钱晓东，肖强，罗海燕．基于改进的RBF神经网络的人民币汇率预测研究［J］．计算机工程与应用，2010，46（10）：229－231.
51. 桑燕芳，王栋．水文序列分析中小波函数选择方法［J］．水利学报，2008，39（3）：295－300.
52. 沈振荣．我国近三十年旱情的时空分布规律［J］．自然资源，1992（4）：9－18.
53. 石岩，蒋兴良，苑吉河．基于RBF网络的覆冰绝缘子闪络电压预测模型［J］．高电压技术，2009，35（3）：591－595.
54. 迟道才，赵瑞，张清等．灰色神经网络组合模型（CNN）在涝灾预测中的应用．沈阳农业大学学报．2008，39（1）：118－120.
55. 宋印胜．马尔可夫链模型在地下水水位预测中的应用［J ］．山东地质，1998（1）：34－40.
56. 苏博，刘鲁，杨方廷．GM（1，N）灰色系统与BP神经网络方法的粮食产量预测比较研究．中国农业大学学报，2006，11（4）：99－104.
57. 孙安健，高波．华北平原地区夏季严重旱涝特征诊断分析［J］．大气科学，2000，24（3）：393－402.
58. 孙才志，张戈，林学珏．加权马尔可夫链在降水丰枯状况预测中的应用［J］．系统工程理论与实践，2003（4）：100－105.
59. 孙永是，白人海，谢安．中国东北地区干旱趋势的年代际变化［J］．北京大学学报（自然科学版），2004，40（5）：806－813.
60. 谭冠军．GM（1，1）模型的背景值构造方法和应用（Ⅰ）［J］．系统工程理论与实践，2000，20（4）：98－103.
61. 汤成友，缈韧．基于小波变换的水文时间序列分解［J］．水资源研究，2007，28（1）：16－17.

62. 唐延芳，迟道才，顾拓等．灰色残差修正模型在灌溉用水量预测中的应用［J］．水利科技与经济，2007，13（6）：388－390.
63. 王平．自然灾害综合区划的研究现状与展望［J］．自然灾害学报，1999，8（1）：21－29.
64. 王宝英，张学. 农作物高产的适宜土壤水分指标研究［J］. 灌溉排水，1996，15（3）：35－37.
65. 王建林，王宪彬，太华杰．中国粮食总产量预测方法研究［J］．气象学报，2000，58（6）：738－744.
66. 王劲松，郭江勇，周跃武，杨兰芳．干旱指标研究的进展与展望［J］．干旱区地理，2007，30（1）：60－64.
67. 王丽丽，李文华．2 种小波消噪方法的比较［J］．煤矿机械，2006，27（12）：190－191.
68. 王维，张英堂，任国全．小波阈值降噪算法中最优分解层数的自适应确定及仿真［J］. 仪器仪表学报，2009，30（3）：526－2－529.
69. 王文圣，丁晶，李跃清．水文小波分析［M］．北京：化学工业出版社，2005：102－136.
70. 王秀杰，练继建，费守明，等．基于小波消噪的混沌多元回归日径流预测模型［J］．系统仿真学报，2007，19（15）：3605－3608.
71. 余朝刚，王剑平．基于径向基函数神经网络的温室室内温度预测模型［J］．生物数学学报，2006，21（4）：549－553.
72. 余英林，李海洲．神经网络与信号分析［M］．广州：华南理工大学出版社，1996：252－282.
73. 袁文平，周广胜．标准化降水指标与 Z 指标在我国应用的对比分析［J］．植物生态学报，2004（4）：523－529.
74. 袁文平，周广胜．干旱指标的理论分析与研究展望［J］．地球科学进展，2004，19（6）：982－990.
75. 张存杰，王宝灵．西北地区旱涝指标的研究［J］．高原气象，1998，17（4）：381－389.
76. 张大海，江世芳，史开泉．灰色预测公式的理论缺陷及改进［J］．系统工程理论与实践，2002，22（8）：140－142.
77. 张汉雄．用马尔可夫链模型预测宁南山区旱情［J］．自然灾害学报，1994（3）：47－54.
78. 张宏平，张汝鹤．陕西省干旱灾害的农业风险评估［J］．灾害学，1998，13（4）：57－61.
79. 张吉先，钟秋海，戴亚平．小波门限消噪法应用中分解层数及阈值的确定［J］．中国电机工程学报，2004，24（2）：118－122.
80. 张宁宁，迟道才，袁吉．朝阳地区干旱特征分析及抗旱对策研究［J］．中国农村水利水电，2006（9）：61－64.
81. 张强，鞠笑生，李淑华．三种干旱指标的比较和新指标的确定［J］．气象科技，1998（6）：48－52.
82. 张文坚．90 年代浙江城镇洪涝灾害分析及其展望［J］．科技通报，1996（1）：43－47.

83. 张艳芳．基于 GM（1，1）的残差修正模型及应用［J］．水力学与工程技术，2005（5）：51－53.
84. 张袁，林启太．模糊马尔可夫链状模型在矿区降水灾害预测中的应用［J］．国外建材科技，2004（1）：56－58.
85. 智会强，牛坤，田亮，杨增军．BP 网络和 RBF 网络在函数逼近领域内的比较研究［J］. 科技通报，2005，21（2）：193－197.
86. 钟丽辉，魏贯军．基于 Mallat 算法的小波分解重构的心电信号处理［J］．电子设计工程，2012，20（2）：57－59.
87. 周黄斌，周永华，朱丽娟．基于 MATLAB 的改进 BP 神经网络的实现与比较［J］．计算技术与自动化，2008，27（1）：28－31.
88. 周祥林，陆宝宏，孙婷婷，等．基于响应单元的太湖流域干旱分析方法研究［J］．水资源保护，2006（2）：6－10.
89. 朱炳援，谢金南，邓振镛．西北干旱指标研究的综合评述［J］．甘肃气象，1998，16（1）：35－37.
90. 朱明武，李永新，卜雄珠．测试信号处理与分析［M］．北京．北京航空航天大学出版社，2006：45－71.
91. 朱明星，张德龙．RBF 网络基函数中心选取算法的研究［J］．安徽大学学报（自然科学版），2000，24（1）：72－78.
92. 朱益民，孙旭光，陈晓颖．小波分析在长江中下游旱涝气候预测中的应用［J］．解放军理工大学学报，2003，4（6）：90－93.
93. 邹海荣．马尔可夫准则有效的判据［J］．上海电机学院学报，2010，13（4）：205－210.
94. 邹旭恺，张强，王有民，等．干旱指标研究进展及中美两国国家级干旱检测［J］，气象，2005，31（7）：6－10.
95. 仲远见，李靖，王龙．改进马尔可夫链降水量预测模型的应用［J］，济南大学学报：自然科学版，2009，23（4）：402－405.
96. 王蓓，刘玉甫．滑动平均——马尔可夫模型在降水预测中的应用［J］，水资源研究，2009，30（2）：25－27.
97. Karl T R. Some spital characteristics of drought duration in the United Stated［J］. Journal Climate Applied Meteorology，1983（22）：1356－1366.
98. Agnew C T，Svoboda M D，Wilhite D A，etal. Monitoring the 1996 drought using the Standardized Precipitation Index［J］. Bull. Amer. Meteor. Soc，1999（80）：129－438.
99. Alberto Malinverno. Parsimonious Bayesian Markov chain Monte Carlo inversion in a nonlinear geophysical problem［J］. Geophysical Journal International，2002，151（3）：675－688.
100. American Meteorological Society. Meteorological drought － Policy statement［J］. Bulletin of American Meteorological Society，1997，（78）：847－849.
101. Bhalme，H N and Mooley. Large－scale drought/flood and monsoon circulation［J］. Mon. Weather Rev，1980，（108）：1197－1211.
102. CHANG D G，BIU Y，VETTERLIM. Adaptive wavelet thresholding for image denoising and compression［C］. IEEE Trans. Image Processing，2000，9（9）：1532

- 1546.

103. ChenS，Cowan C F N，Grant P M. Orthogonal least squares learning algorithm for radial basis function Networks [J] . IEEE Trans on Neural Networks，1991，2 (2)：302 - 309.
104. Cui Jie，Liu Sifeng，Xie Naiming. Novel Grey Decision Making Model And Its Numerical Simulation [J] . Transactions of Nanjing University of Aeronautics & Astronautics，2012，29 (2)：112 - 117.
105. DONOHO D L. De - Noising by Soft - Thresholding [J] . IEEE Trans. Infrom. Theory，1995 (41)：613 - 627.
106. Ferreira P M，Faria E A，Eruano A. Neural network models in greenhouse air temperature prediction [J] . Nerocomputing，2002，43 (1)：51 - 75.
107. Harris Jonathan M，et al. Carrying capacity in Agriculture Globe and regional issue [J]. Ecological Economics，1999，129 (3)：443 - 461.
108. HornikK，StineheombeM，WhiteH. Multilayer Feed - forward NerworkareUniversal ApProximators，Neural Network，1989，2 (6)：359 - 366.
109. Jackson R K. Canopy temperature and crop water stress，Advances in Irrigation [M]. New York：Academic Press，1983.
110. Karl T R. Some Spital Characteristics of Drought Duration in the United Stated [J]. Journal Climate Applied Meteorology，1983 (22)：1356 - 1366.
111. Kastra M. Forecasting Combining with Neural Netwoirks [J] . Forecast，1996，15 (1)：49 - 61.
112. Kife G W. Frequency and Risk Analysis in Hydrology [M] . Water Resources Publication，Colorado，1977.
113. Kwang - BaekKim，Dong - Un Lee，Kwee - Bo Sim. Per - formance improvement of fuzzyRBF networks// Ad - vances in Natural Computation [C] . First Internation - al Conference，ICNC2005. Proceedings，Part I (Lecture Notes in Computer Science Vo. 13610)，2005：237 - 244.
114. Liu Sifeng，Hu Mingli，Forrest Jeffrey，Yang Yingjie. Progress of Grey System Models [J] . Transactions of Nanjing University of Aeronautics & Astronautics，29 (2)：103 - 111.
115. Mallat，A Wavelet Tour of Signal Processing [M] . 杨力华，等译 . 北京：机械工业出版社，2003. 55 - 67.
116. McCulloch W S，Pitts W. A Logical calculus of the ideas immanent in nervous activity [J] . Bulletin of Mathematical Biophysics，1943，10 (5)：115 - 133.
117. Palmer W C. Meteorological drought US [J] . Weather Bureau Research Paper，1965：45 - 58.
118. Palmer W C. Meteorological drought US [J] . Weather Bureau Research Paper，1965，10 (2)：45 - 58.
119. Palmer W C. The abnormally dry weather of 1961 - 1966 in the northeastern United States [A] . Proc. Conf. Drought in the Northeastern United States [C]，Jerome Spar，Ed.，NewYork University Geophys. Res. Lab. Rep. TR - 68 - 3，1967：32 - 56.

120. Paul Jordan, Peter Talkner. A seasonal Markov chain model for the weather in the central Alps [J] . Tellus A, 2000, 52 (4): 455 - 466.

121. RENN J C. Control of a servohydraulic positioning system using state - space controller with grey forecasting [J] . JSME International Journal - Series C, 1998, 13 (3): 391 - 397.

122. Seiler B A, Hayes M, Bressan L. Using the standardized precipitation index for flood risk monitoring [J] . International Journal of Climatology, 2002, (22): 1365 - 1376.

123. Thomas A . Spatial and temporal characteristics of potential evepotranspiration trends over China [J] . International Journal Climatology , 2000, (20): 381 - 396.

124. WIDROWB, HOFF M E. Adaptive Switching Circuits [A] . IRE WESCON convention record: part4. Computers: Machine Systems [C] . Los Angeles, 1960: 96 - 104.

125. Wilhite DA. Drought as a natural hazard: Coneepts and definitions [A] . Drought: A Global Assessment [C] . London & NewYork: Routledge Press, 2000.

126. William Wright. Agricultural drought policy and practice in Australia. Expert Group Meeting on Reducing the Impact of Natural Disasters and Mitigation of Extreme Events in Agriculture, Rangelands, Forestry and Fisheries. Beijing, China, 16—20February, 2004.

127. XinYao, ongLiu. New Evolutionary System for Evolving Artificial Neural Networks IEEE. Transactions on Neural Networks [M] . 1997, 8 (3): 694 - 714.

128. YEN T H, JEROMY Y. A novel image compressing using grey models on dynamic window [J] . International Journal of Systems Science, 2000, 12 (9): 225 - 229.

129. Yinao Wang, Zhijie Chen, Yingchuan Li, Mianyun Chen. Improvements for the accumulated generating operation and its application to the soft foundation settlement model [J]. Advavces in Systems Science and Applications, 2000, 1 (2): 186 - 191.

130. YU Zhao - yang, WANG Jian - ping, YING Yi - bin. Greenhouse temperature prediction model based on radial basis function neural networks [J] . Journal of Biomathematics, 2006, 21 (4): 549 - 553.

131. Lohani V K, Loganathan G V. Early warning system for drought management using the Palmer Drought index. Journal of the American Water Resources Association, 1997, 33 (6): 1375 - 1386.

132. McKee T B, Doesken N J, Kleist J. Drought monitoring with multiple timescales. Preprints, 9th Conference on Applied Climatology, 15—20 January, 1995.

133. McKee T B, Doesken N J. The relationship of drought frequency and duration to time scales. Proceedings of Vulnerability [M] . Cambridge University Press, UK: 517.

134. Paul A Samuelson, William D Nordhaus. M icroeconom ics [M] . Boston: McGraw - Hill Irwin, 2001.

135. PICC Report. Climate Change 2001: The scientific basis. Cambridge University Press, 2001: 140 - 165.

136. Rita Guerreiro. Accessibility of database information to facilitate early detection of extreme events to help mitigate their impacts on agriculture, forestry and fisheries. Expert Group

Meeting on Reducing the Impact of Natural Disasters and Mitigation of Extreme Events in Agriculture, Rangelands, Forestry and Fisheries Beijing, China, 16—20 February, 2004: 615-660.

137. Shafer, B. A., and L. E. Dezman. Development of a Surface Water Supply Index (SWSI) to assess the severity of drought conditions in snowpack runoff areas, Proc, 50th Western Snow Conf., Reno, NV. 1982.

138. Shen. H W and Guillerrno. Q. Tablios "Drought analysis with reservoirs using treeing reconstructed flow" Journal of Hydraulics Engineering, 1995.

139. S. Kaplan, The words of risk analysis, Risk Analysis, 1997 (17).

140. Soule. P. T. Spatial patterns of drought frequency and duration in the contiguous USA based on multiple drought event definitions. Int J. Climatol, 1992 (12).

141. Stanhil G, Cohen S. Global dimming: a review of the evidence for a widespread and significant reduction in global radiation with discussion of its probable causes and possible agricultural consequences [J]. Agricultural and Forest Meteorology, 2001 (107): 255-27.

142. Thomas A. Spatial and temporal characteristics of potential evepotranspiration trends over China [J]. International Journal Climatology, 2000 (20): 381-396.

143. William Wright. Agricultural drought policy and practice in Australia. Expert Group Meeting on Reducing the Impact of Natural Disasters and Mitigation of Extreme Events in Agriculture, Rangelands, Forestry and Fisheries. Beijing, China, 16—20February, 2004.